이 책은 빵에 대한 안내서다. 빵의 생애 주기의 모든 단계를 통틀어 어떻게 만들고 어떻게 먹을지에 대한 과정을 살펴본다. 이것은 '쿠치나 포베라'*의 복원이라고 할 수 있다. 이 요리는 오늘날 미국 주방에서 멀어진 빵 중심의 식사 준비 방식으로 제임스 비어드 상** 후보에 오른 제빵사 릭 이스턴은 이러한 식문화를 다시 부활시키고자 하는 강한 의지를 드러낸다.

　이 책에서는 스스로 빵을 굽는 데 필요한 모든 정보를 찾을 수 있으며(물론 수천년에 걸친 인류의 전통처럼, 가까운 곳의 빵집을 이용할 수도 있지만), 빵으로 만들 수 있는 다양한 음식(브레드 미트볼! 빵가루와 컬리플라워를 넣은 파스타!)과 빵과 어울리는 요리(그린 앤 빈즈! 말린 밤과 흰콩 수프!)도 만나볼 수 있다. 또한, 이전에는 상상조차 하지 못했던 샌드위치 레시피도 담겨 있다(하리사 소스, 달걀, 올리브를 넣은 참치 샌드위치! 프리타타, 아티초크, 페코리노 치즈, 민트 샌드위치!). 이 책은 이탈리아의 빵 문화를 중심으로 신선한 빵에서 빵가루에 이르기까지 모든 형태를 망라하고 있으며, 누구나 쉽게 접근할 수 있고, 뚜렷한 의견을 제시하며, 모든 빵을 최대한 활용하기 위해 결코 빠질 수 없는 필수 요리책이다.

---

* cucina povera: 가난한 자의 음식이라는 뜻으로 이탈리아를 대표하는 요리 중 하나. 가난한 토스카타 농민들의 요리로, 신선한 현지 재료들을 이용해 단순하게 요리하는 것이 특징.
** James Beard Award: 미국 요리사겸 음식작가인 제임스 비어드를 기리기 위해 제정된 상. 미 전역의 식당과 소속 요리사 대상으로 여러 부분에 걸쳐 수상자 선정한다. 미국 요식업계의 오스카 상으로도 불리는 권위 있는 상이다.

Bread

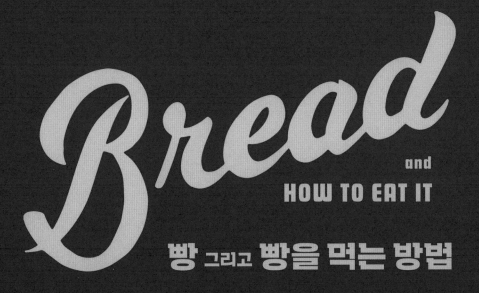

Bread

and
HOW TO EAT IT

빵 그리고 빵을 먹는 방법

갓 구운 빵부터 오래된 빵까지,
조각에서 부스러기까지

빵 그리고 빵을 먹는 방법

발행일 2023년 11월 10일 초판 1쇄 발행
지은이 릭 이스턴, 멜리사 매카트
옮긴이 김지연
발행인 강학경
발행처 시그마북스
마케팅 정제용
에디터 최윤정, 최연정, 양수진
디자인 김문배, 강경희

등록번호 제10-965호
주소 서울특별시 영등포구 양평로 22길 21 선유도코오롱디지털타워 A402호
전자우편 sigmabooks@spress.co.kr
홈페이지 http://www.sigmabooks.co.kr
전화 (02) 2062-5288~9
팩시밀리 (02) 323-4197
ISBN 979-11-6862-177-0 (13590)

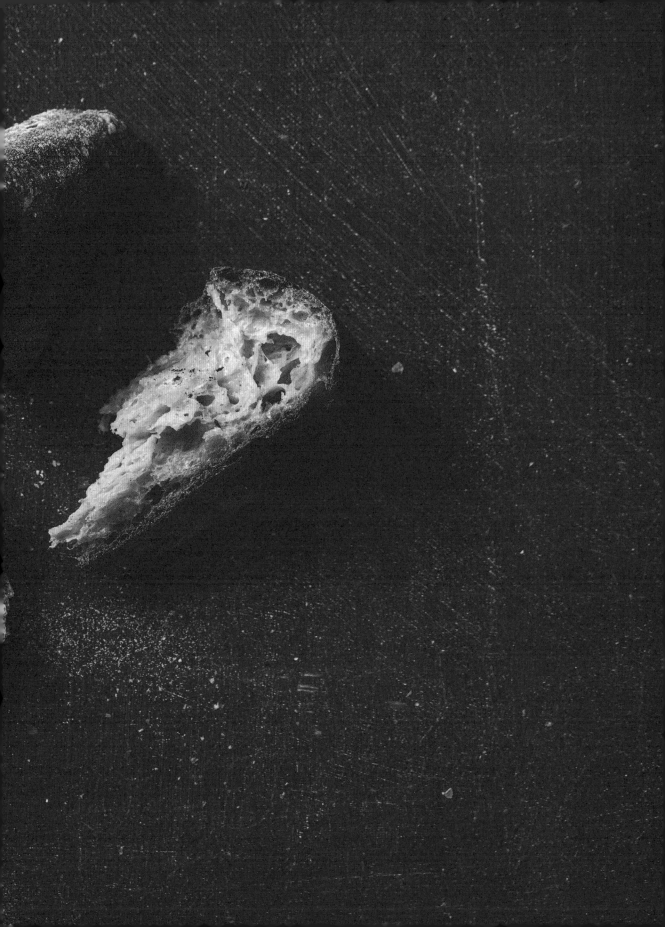

차례

Crumbs

파스타

튀김요리

Things to Eat with Bread

콩과 완두콩

Breakfast Cereal and Sweets

일러두기

- 모든 각주는 옮긴이의 주입니다.
- 온스, 인치, 화씨 온도 등은 모두 우리나라에서 쓰이는 단위(mL, cm, ℃)로 환산해 반올림했습니다.

들어가며

우리는 현재 미국은 물론 전 세계적으로 고품질의 빵을 만드는 베이커리가 인류의 역사상 그 어느 때보다 많은 시대를 살고 있다. 이것은 해안가에 위치한 대도시만 해당되는 것이 아니다. 또한 그곳에는 더 나은 빵을 만들기 위해 노력하는 수많은 제빵사들이 있다.

인터넷과 소셜 미디어가 확산되면서 초보자부터 숙련된 전문가까지, 빵과 제빵에 대한 지식을 교류하기가 더 쉬워졌다. 코로나19로 인해 사람들이 집에서 보내는 시간이 많아지면서 홈 베이킹에 대한 관심이 크게 증가했다. 한편, 전국의 베이커리 판매량도 크게 늘었는데, 갑자기 어느 순간 모든 사람들이 사워도우 빵에 대한 지식을 어느 정도 갖추게 되었고, 모든 종류의 저탄수 식단은 감소하는 것처럼 보인다.

빵과 제빵에 대해 늘어나는 관심은 전반적으로 긍정적인 부분이 많지만, 소셜 미디어가 주도하는 유행들과 마찬가지로 역사, 문화, 지리적 맥락에서 벗어난 모방의 문화가 생겨나기도 했다. 홈 베이킹을 하는 일반인과 전문가들은 오픈 크럼블 브레드와 같이 유행하고 있는 시각적으로 화려하고 모던한 스타일을 종종 추구한다. 이런 종류의 빵 사진들을 보면 질감에 대해서는 어느 정도 알 수는 있지만 빵의 맛과 향 또는 테이블에서의 플레이팅에 대해서는 알 수가 없다.

빵의 보이는 모습에 대한 강박적인 집착은 전 세계 수많은 사람들의 삶 속에 빵이 담당하는 필수적인 역할을 무시한 극단적인 결과이기도 하다. 많은 사람들에게 빵은 생존을 위해 혹은 최소한 굶주림을 벗어나기 위해 필요하다.

우리가 살아가는 현대 사회는 정말 독특한 시대며, 미국인에게도 독특한 민족성이 있다. 사람들은 유명 베이커리에서 빵을 사려고 길가에 줄지어 기다리지만, 이들이 구매하는 빵은 소박하고 평범한 음식이라는 빵의 본질과는 동떨어져 있다. 사람들은 빵 한 덩어리를 가지고 흔히 샌드위치나 토스트를 만드는 것 외에는 달리 어떻게 활용할지에 대해서 잘 모르는 경우가 많다.

나는 빵 중독이었던 어린 시절 모습을 기억한다. 식당에 앉아 웨이터가 테이블 위에 빵 바구니를 내려놓고 가면, 나는 빵을 게걸스럽게 먹기 시작했고, 부모님과 할머니, 할아버지는 "빵으로 배를 채우지 마라. 다른 음식도 많이 주문할 거야. 빵을 너무 많이 먹으면 식욕이 떨어진다"라고 말씀하셨다.

그런데 성인이 된 지금 나는 견해가 다르다. 영양사나 의사가 아닌 일반인인 나의 의견을 말하자면, 빵으로 배를 채워야 할 이유가 여러모로 있다는 것이다. 첫째, 전 세계 많은 지역에서는 특정 종류의 빵을 주식으로 생활한다. 즉, 당신은 든든한 동료가 있는 셈이다. 둘째, 만일 당신이 빵을 주식으로 영양을 섭취한다면, 다른 더 영양이 풍부한 좋은 음식 재료를 구매하는 데 비용을 지출할 수 있다.

예를 들어, 이 책의 211쪽에 소개된 자몽 샐러드를 생각해보자. 제철을 맞은 잘 익은 자몽과 갓 수확한 올리브가 있다면, 접시에 담긴 과즙과 남은 음식들을 빵으로 싹싹 모아서 먹어보자. 그 자체로 훌륭한 한끼 식사가 된다. 빵을 미트 앤 쓰리* 레스토랑의 사이드 메뉴처럼 별개의 재료로 취급하지 않아야 한다. 빵은 양념이나 허브처럼 필수 식재료다.

나는 여러분이 좋은 음식을 먹어야 하며, 빵은 이러한 양질의 식사를 구성하는 기초이자 보완하는 음식이 되어야 한다고 생각한다. 이것은 특히나 지금처럼 변하는 글로벌 경제 속에서 소수의 사람들에게 부가 집중되며, 가난한 사람들은 제대로 먹기 어려운 시대에 더욱 적절하다고 생각한다. 나 자신도 과거에 은행 계좌가 없던 적이 있던 터라, 그러한 사람들의 입장을 생각하게 된다. 나는 1980년대 이후 전 세계가 나아가는 방향을 보며, 제빵사가 되기로 결정했다. 사람들에게 좋은 음식, 가공하지 않은 음식, 몸에 해로운 재료들을 넣지 않은 빵을 제공하는 것은 과히 혁명적인 일이 될 수 있다고 생각했다.

우리 조상들은 빵을 주식으로 먹는 것의 중요성을 알고 있었고, 어려운 시기에는 갓 만든 빵 말고 묵은 빵도 활용해야 했다. 나는 건강한 식단을 구성하는 기본으로 빵을 창의적으로 활용함으로써 가치와 즐거움을 얻을 수 있다고 생각한다. 어쨌든, 이것이 내가 음식을 먹는 방식이고, 나는 많은 사람들보다 더 좋은 재료를 훨씬 저렴한 가격으로 먹는다고 생각한다.

이 책은 빵을 주제로 한다. 빵을 어떻게 먹을지, 빵을 어떻게 활용할지

14

사람들은 유명 베이커리에서 빵을 사려고 길가에 줄지어 기다리지만, 이들이 구매하는 빵은 소박하고 평범한 음식이라는 빵의 본질과는 동떨어져 있다. 사람들은 빵 한 덩어리를 가지고 샌드위치나 토스트를 만드는 것 외에 어떻게 활용할지에 대해서는 잘 모르는 경우가 많다.

* meat-n-three: 남부 스타일 레스토랑. 고기와 채소, 제철 메뉴로 구성된 메뉴를 판매한다.

를 설명한다. 대부분의 사람들은 신선한 빵은 토스트를 하거나 샌드위치를 만들어 먹고, 빵이 오래되면 버린다. 이 책은 내가 운영하는 가게인 브레드 앤 솔트를 방문하는 손님들을 위한 책이다. 손님들은 "빵 전체를 사기에는 너무 큽니다. 빵이 남아서 상하게 될 거예요"라고 이야기한다. 나는 이 책을 통해 사람들의 빵에 대한 이해의 폭을 넓히고, 빵을 만드는 데 필요한 정보들을 주려 한다.

나는 빵을 구매할 때 어떤 점을 살펴볼지, 어떻게 보관할지 그리고 신선한 빵과 묵은 빵을 각각 어떻게 활용할지도 설명하고자 한다. 어떻게 빵을 먹을지, 빵을 가지고 어떻게 돈을 절약할 수 있는지도, 그리고 빵이란 단지 바구니에 담긴 저녁 식전빵이 아니라는 것을 이야기할 것이다.

처음 본격적으로 요리를 시작했을 때 중동과 북아프리카 음식뿐만 아니라, 이 지역의 요리법과 식문화에 큰 관심을 가졌다. 훌륭한 재료로 만든 빵과 간단한 요리들에 흠뻑 빠졌다.

내가 정말 맛있는 빵을 먹은 것은 바로 모로코 남부 지역에서였다. 이곳은 여전히 여성이 가정에서 천연 이스트 또는 문자 그대로 지역 특산물 이스트인 해미라 벨디에(hamira beldieh)를 활용해 도우를 직접 만드는 전통이 여전히 뿌리 깊게 남아 있다. 이들이 반죽을 살고 있는 지역의 베이커리에 가져가면, 제빵사들은 반죽을 작게 나눠서 나무 땔감으로 불을 지피는 피린*에 넣어 굽고, 이들은 구운 빵들을 거리에서 판매한다.

베이킹에 좀 더 깊게 빠져들게 되었고, 지중해를 여행하면서 시칠리아와 이탈리아 남부를 방문했다. 이 지역은 오랜 세월 아랍의 지배를 받은 역사가 있다.

내가 이탈리아를 처음 방문한 것은 그리 오래되지는 않았는데, 이탈리아가 가진 다양한 빵 종류와 제빵 기술에 깊은 감명을 받았다. 이탈리아의 모든 지방에서는 대량 생산된 빵을 찾아볼 수 있지만, 여전히 지역 고유의 베이킹 문화가 활발히 살아 있고, 이탈리아인들의 문화 정체성에도 중요한 역할을 하고 있었다.

나는 시칠리아와 이탈리아 남부에 남다른 관심이 있었는데, 이것은 내가 이탈리아계 미국인들이 문화와 삶에 큰 부분을 차지하고 있는 피츠버그에서 자랐기 때문이다. 바로 이러한 이유로 내가 요리하는 메뉴 대부분이 이탈리아 음식인 것이다. 전통적인 이탈리아 주방

> 당신이 빵을
> 주식으로 영양을
> 섭취한다면, 다른
> 더 영양이 풍부한
> 좋은 음식 재료를
> 구매하는 데 비용을
> 지출할 수 있다.

* firin: 오븐의 일종.

의 효율성, 경제성, 절약하는 습관과 빵이 식탁에서 차지하는 위상은 나에게 큰 감동을 준다.

나는 여행을 마치고 미국에서 좋은 빵을 찾기 위해 수없이 많은 곳을 방문했지만, 만족할 만한 곳을 찾는 데는 실패했다. 이러한 경험 때문에 제빵에 더욱 헌신하게 되었고, 내 집 지하실을 개조한 레스토랑에 이어 베이킹 사업을 시작했다. 이곳에서 나는 폴페티 디 파네에서부터 양배추 샐러드, 콩을 넣은 판코토*에 이르기까지 처음으로 빵이 중심이 되는 식사를 선보이기 시작했다.

하지만 홈 베이킹은 결코 이상적인 일이 아니었고, 지금도 그건 마찬가지다. 나는 화덕 바닥에 벽돌을 깔아서 열 질량을 늘리고 화로 온도를 높이려는 노력까지도 해봤다. 피자를 구우려고 오븐 안에 불을 지피기도 했는데, 이것은 정말 바보 같은 일이자 오븐에 재앙을 가져왔다(플라스틱 손잡이가 전부 녹아버렸고, 벽돌 오븐은 이렇게 사용하면 안 된다는 뼈아픈 교훈을 배웠다).

2013년, 나는 매장을 새로 열고자 고향인 피츠버그로 돌아갔다. 주된 이유는 돈이 부족해서였고, 이곳은 임대료가 비교적 저렴했기 때문이다. 그 당시 피츠버그는 부흥기에 있었다. 나는 6만 달러를 들여 도축장이 있었던 1층짜리 건물에 '브레드 앤 솔트'라는 가게를 열었다. 피츠버그의 전성기에 활기를 띠었던 이탈리아인들이 모여살던 블룸필드의 작은 거리에 위치해 있었다. 나는 사람들이 빵 한 덩어리에 대한 인식들을 바꾸고, 일상 식단에서 주식이 얼마나 뛰어난지 깨닫기를 이상적으로 희망했다.

그러던 2019년 어느 날, 우리 가게의 치즈 공급업자이자 친구인 펜실베이니아 카푸토 브라더스 크림머리의 린 카푸토가 나를 위해 저지 시티에서 중요한 회의를 주선해줬다. 이곳에서 레스토랑을 운영하는 카푸토의 친구들 몇몇이 맨해튼을 내려다볼 수 있는 공원 맞은편 과거 피자집이었던 곳에 공간을 마련해줬다. 이곳은 뒤쪽에 야외 공간이 있고, 앞쪽으로는 보도로 이어지는 차고문이 있었다. 지하에는 엄청나게 넓은 준비공간이 마련되어 있었다. 그들은 내게 '브래드 앤 솔트'를 가든 스테이트로 이전할 것을 권유했다. 나는 심지어 뉴저지에 가본 적도 없었지만, 이것은 아주 좋은 기회였기 때문에, 거절할 수가 없었다(내 파트너이자 이 책의 공동 저자인 멜리사가 뉴저지 출신이었기에 결정을 더 쉽게 할 수 있었다).

사람들은 나에게 남부 이탈리아와 시칠리아 지역의 음식에 집중

전통적인 이탈리아 주방의 효율성, 경제성, 절약하는 습관과 빵이 식탁에서 차지하는 위상은 나에게 큰 감동을 준다.

* pancotto: 오래된 빵 조각을 국물이나 물로 요리한 수프.

하게 된 이유를 종종 물어본다. 나는 요리에 관심을 갖게 된 이래로, 고대의 레시피와 요리법에 매료되었다. 비록 독학으로 배웠지만, 부모님이 모두 교수이시고, 나 역시 역사를 공부했기에 이탈리아의 요리분야 저술가인 펠레그리노 아르투시의 『Science in the Kitchen and the Art of Eating Well(부엌의 과학과 잘 먹는 기술)』 같은 책들로 이끄는 토끼 구멍을 따라 내려가며 관심사를 자연스럽게 확장했다. 내가 존경하는 수많은 옛 이탈리아 레시피들은 중동과 그리스에서도 찾아볼 수 있다. 이탈리아 수입업체인 '구스티아모'의 창립자인 베아트리체 우기로부터 품질 좋은 재료를 열정으로 생산하는 농부들과 밀가루 제조업자들, 공급업체를 소개받았다. 비록 베아트리체의 사업은 브롱스에 기반을 두고 있지만, 베아트리체는 내 사업의 모든 단계에서 아낌없이 지원을 해줬고, 내가 알지 못했을 지식들을 알려줬다.

이 책은 '브레드 앤 솔트'에서 만든 레시피와 내가 집에서 요리하거나 사람들을 초대할 때 활용하는 또 다른 레시피들을 결합한 것이다. 비록 여러분이 사이드 음식으로 먹을지라도, 빵을 충분히 음미할 수 있는 레시피다. 이 레시피는 요리하고 먹는 방법을 안내하는 도로 안내 지도와도 같다. 비록 여러분의 요리 세계를 완전히 뒤바꾸지는 않더라도, 이 책을 읽고 식재료에 돈을 지출하는 방법, 요리하는 방법, 그리고 자신과 사랑하는 사람들에게 음식을 나누며 즐거워지는 방법들에 대해 영감을 얻을 수 있기를 희망한다.

빵에 대한 나의 접근 방식

빵은 사후적인 고려 사항이 아니다

여러분이 먹는 빵은 대부분 집 밖에서 사왔을 가능성이 높다. 그래서 빵에 대해 어느 정도 지식이 있으면 도움이 된다.

빵을 구매할 때는 마트에서 쇼핑카트에 물건을 담는 것보다 고민을 더 많이 해야 한다. 빵은 특별한 노력을 기울일 만한 가치가 있다. 동네에 단골 빵집을 발굴해서 자주 다니면서 제빵사와 관계를 형성하는 것도 좋다.

왜냐하면 제빵사가 좋은 빵에 대해 더 잘 이해하도록 도와줄 수 있기 때문이다. 그들이 빵에 대한 지식이 풍부하다면, 당신은 여러 경우에 활용할 수 있는 다양한 종류의 전 세계 빵을 접할 수 있을 것이다. 이렇게 다양한 빵들을 구입하면 최적의 베이킹 조건이 갖춰진 날, 그렇지 않은 날의 빵을 맛볼 수도 있다. 이러한 경험들은 당신의 입맛을 더욱 세련되게 만들어줄 것이다.

다음은 좋은 빵을 식별하는 기준이다.

빵은 형태의 표현이다

빵은 다양한 형태로 만들어진다. 빵의 모양을 주의 깊게 살펴보면, 상업적으로 대량생산된 빵인지, 장인 정신이 깃든 빵인지를 잘 알 수 있다. 빵이 길쭉한 모양인가, 둥근 모양인가? 사각형이거나 팬에 구워진 모양인가? 다소 낯설고 기발한 모양인가? 아니면 자유로운 형태로 구워졌는가?

고객들은 주로 빵의 모양을 보고 구매하는 경향이 있다. 빵집에 가서 바게트, 치아바타, 풀먼 식빵*과 같이 익숙하게 알아볼 수 있는 종류를 찾는다. 왜냐하면 사람들은 자신들의 목적에 맞게 빵을 구매하기 때문이다.

예를 들어, 바게트의 특징을 한번 생각해볼 수 있는데, 왜냐하면 바게트는 형태로 정의되기 때문이다. 좋은 바게트든 나쁜 바게트든, 천연 발효 바게트든 이스트로 구운 것이든, 바게트를 상징하는 특유의 길이가 있다. 바게트는 만드는 방법이 있으며, 제빵사들은 무엇보다도 외관과 크러스트에 고유한 개성을 나타내고자 한다.

하지만 빵은 모양 외에도 중요한 특징적인 요소들이 있다. 빵에는 각기 표면과 내부, 질감이 있는데, 표면을 크러스트라고 하고 내부를 크럼이라고 부른다. 빵을 평가하려면 차분하게 우리 몸의 감각을 사용해야 한다.

먼저 크러스트부터 시작해보자. 잘 만들어진 크러스트는 빵을 보존하는 데 도움이 된다. 크러스트는 내부를 보호하고 마르지 않게 해준다. 빵을 선반에 뒀을 때 크러스트는 공기에 노출되는데, 이미 건조되어 있는 상태라 그래도 상관없다. 내부를 보호하는 겉껍질이기 때문이다.

빵을 구매할 때 크러스트의 색상을 주의 깊게 살펴보자. 황금색, 갈색 또는 붉은색인가? 빵의 색이 그러데이션이 있는가? 천천히 저온 발효 과정을 거친 반죽(첫 번째 또는 두 번째 발효 시 온도를 낮춤)은 좀 더 많은 전분을 당으로 전환시키기 때문에 캐러멜화**와 마이야르

* pullman: 큐브 형태의 네모난 식빵으로 주로 샌드위치용으로 사용한다.
** caramelization: 음식에 포함된 각종 당 성분이 고온에서 조리되면서 점점 갈색으로 변하고, 캐러멜처럼 변성화되는 것.

베이커리 선택 방법

슈퍼마켓에서 질이 좋은 빵을 살 수 있을까? 나는 그렇지 않다고 대답하겠지만, 여러분의 취향을 내 의견대로 바꿀 생각은 없다. 아마도 여러분이 고른 빵이 괜찮은 선택일 수도 있다. 하지만 만일 빵을 선택할 때 확신이 없고, 좀 더 괜찮은 빵을 구매하고 싶은 분들을 위해, 몇 가지 도움이 될 만한 내용들을 소개하고자 한다.

먼저 베이커리에 들어가면 진열된 빵의 종류들을 살펴보자. 어떤 스타일의 빵인가? 어떤 종류의 빵이 진열되어 있는가? 그리고 가게에서 직접 빵을 굽는지 알아보자. 빵의 색깔은 어떠한가? 여러분은 원하는 스타일과 색깔을 놓고 자유롭게 선택할 수 있다. 하지만 빵의 다양성, 질감, 그리고 맛에 좀 더 주목하면 나만의 입맛과 취향을 발전시킬 수 있다.

가까운 곳의 베이커리와 친분을 쌓고, 이들에게 질문해보자. 베이킹 방식과 특정한 빵을 굽는 요령 등을 질문하는 것이다. 베이커리가 붐비는 시간과 한가한 시간 모두 방문해보자. 이렇게 반복적으로 가게를 방문하는 과정에서 이곳에서 일하는 직원들과도 친분을 쌓게 될 것이다. 대부분의 베이커리는 기본적인 고객 질문에 대답할 수 있도록 직원들에게 교육을 한다. 만약 당신이 빵을 좋아한다면, 빵에 대해 더 많이 배울 수 있는 베이커리는 좋은 출발점이 될 것이다.

* Maillard reaction: 재료 속의 아미노산, 당분, 수분 등 화학물질들이 조리시 열을 가할때 화학반응을 일으키며 식품의 색, 향기, 맛 등에 관여하는 것을 일컫는다. 프랑스 화학자 루이스 카밀 마이라르가 최초로 발견했다.

반응*를 일으켜 크러스트가 풍부한 벌꿀 색깔 혹은 마호가니와 같은 색감을 띠게 된다.

빵이 매끈하고 밝은 빛을 띤다면 종종 매우 빠른 시간 안에 저온에서 구워진 것이다. 크러스트 질감으로 베이킹 과정에서의 다양한 정보를 알 수 있다. 예를 들어, 빵이 짧고 빠른 시간에 구워졌는지 또는 장시간에 걸쳐 천천히 구워졌는지, 반죽의 수분 함량은 어떤지, 그리고 베이킹 과정에서 스팀이 어떻게 사용되었는지에 따라 제각각 그 결과물이 달라진다. 우리 감각으로 따지자면, 잘 완성된 크러스트는 다양한 질감과 맛을 제공한다. 바삭한 크러스트와 보드라운 빵 내부가 대조를 이루면 색다른 빵의 묘미를 체험할 수 있다.

이제 빵의 내부에 대해 알아보자. 품질 좋은 빵 칼을 구입하도록 한다. 빵은 항상 집에서 직접 써는 것이 좋다. 왜냐하면 빵은 써는 즉시 건조가 시작되기 때문이다. 그런데 이미 건조한 빵을 살 이유가 있을까?

이번에는 빵 내부에 구멍이 생기는 이유를 알아보자. 빵은 굽는 과정에서 이스트가 글루텐 속에 갇힌 가스와 물을 방출해 스팀이 생성된다. 이로 인해 구멍과 거품이 생겨나는 것이다. 내부 구멍의 세포벽이 매우 두꺼운 경우는 불완전 발효 또는 충분히 발효되지 않은 것이다. 좀 더 식감이 부드러운 크럼을 형성하고 부드럽게 씹힐 수 있도록 빵 반죽에 작은 기포들이 많이 있는 얇은 기포벽을 원할 것이다. 구멍이 크고 모양이 불규칙한 기포는 반죽의 특성상 꼭 나쁜 것만은 아니지만, 성형 결함이나 빵의 발효가 충분히 이뤄지지 않았거나, 이스트가 이산화탄소를 충분히 생성하지 못한 결과일 수 있다. 기포 내부와 주변을 살펴보자. 이 부분을 살펴보면 발효 과정에서 발생한 상황들을 좀 더 명확하게 파악할 수 있다.

빵 안에 생긴 구멍들은 사용된 밀가루의 종류와 비율, 발효 조건의 일관성(예: 온도), 그리고 반죽을 다루고 빵이 각기 형성된 방식과 밀접한 관련이 있다. 거칠게 반죽하면 반죽의 가스를 제거하거나 평평하게 만들어 더 조밀한 빵을 만들 수 있다. 그러나 작고 세밀한 구멍이 있는 빵이 반드시 나쁜 것은 아니다. 이것은 구입하는 빵의 종류에 따라 다르다. 예를 들어, 호밀빵은 구멍이 많지 않다. 일부 통곡물 빵은 불규칙한 구조와 넓게 벌어진 구멍이 없다.

빵을 자를 때 고려할 사항들을 생각해보자. 빵의 내부가 흰색, 노란색 또는 크림색인가? 갈색이나 베이지 색상인가? 색상이 더 어두운 경우라면 통곡물이 포함된 것이며, 이는 더 많은 영양소를 함유하고 있음을 의미한다.

…그리고 기술

빵의 형태를 만들기 위해서는 특정한 기술이 필요하다. 바게트를 만드는 방법으로 불*을 만들 수는 없다.

모든 빵을 만들 때, 제빵사들은 원하는 특징을 얻기 위해 여러 가지 기술을 사용한다. 밀가루 선택, 효모의 종류, 반죽 섞는 방식, 발효의 온도와 순서와 시간과 방법, 빵에 칼집을 내는 방식, 베이킹 온도와 지속 기간, 베이킹 방법, 빵을 식히고 보관하는 방법에 이르기까지 이 모든 사항의 결정들이 완성된 빵의 특징에 큰 영향을 미친다. 치아바타와 베이글을 만드는 방법은 같지 않다. 100% 호밀빵은 100% 통밀빵과는 다른 방식으로 다뤄야 한다.

때로는 베이킹 기술은 의도적인 결과물이 아닌 시간이나 자원이 부족해 생겨난 결과물일 수 있다. 밀가루, 제분, 발효 방식 간의 다양한 변수들 때문에 베이킹 기술은 완전히 마스터하기가 어렵다. 게다가 적절한 베이킹 장비를 갖추지 못하면 베이킹이 더욱 어려워진다. 바로 이러한 이유로 아티장 베이킹**의 부흥기가 점진적으로 열리고 있는 것이다.

…그리고 문화

모든 베이킹 방식과 기술은 특정한 시기와 장소에서 비롯된다. 빵은 특정 지역 사회에 맞게 만들어지며, 때로는 종교적이거나 심지어 정치적인 의미까지 내포하기도 한다. 대부분의 미국인이 대량 생산된 빵을 먹고 현지에서 생산된 신선한 곡물로 만든 빵을 찾기 어려운 것은, 정부와 산업화된 농업 사이의 관계, 기술의 발전, 그리고 더 많은 양을 더 적은 비용으로 생산하는 가치를 수공예나 현지 재료와 요리를 보존하는 것보다 중요시한 결과다.

전 세계의 많은 지역에서는 특정한 시기에 특정한 빵을 먹는 풍습이 있다. 신선한 빵과 오래된 빵을 먹는 특별한 기회가 있다. 사람들은 빵에 대한 경외심을 갖는다. 이러한 현상은 미국에서는 일반적으로 볼 수는 없는데, 미국에는 통일된 빵 문화가 없고 오히려 예산 내에서 구할 수 있는 재료로 빵을 만드는 이민자들의 물결에 의해 정의되었다고 볼 수 있다.

* boule: 커다란 공 모양의 프랑스 빵.
** artisan baking: 간편 재료들을 사용해서 대량으로 만드는 공장식 베이킹과는 달리, 천연 재료들을 사용해 모든 공정을 매장 내에서 직접 처리하는 것.

빵을 자르고 보관하기

여러분께 말씀드리지만, 미리 커팅된 빵은 구입하지 않아야 한다. 미리 잘린 빵은 마르기 때문에 빵의 수명이 단축된다.

가격에 상관없이, 빵칼은 반드시 구입하자. 비싼 칼일수록 좀 더 오래 사용할 수는 있지만, 사용하면서 결국 무뎌진다. 그리고 큰 빵을 자르기 위해 칼날이 긴 빵칼을 선택한다. 구매할 때 손잡이가 손에서 어떻게 느껴지는지 살펴본다. 너무 힘없이 얇은 칼날은 위험하다. 크러스트를 찢지 않고 쉽게 자를 수 있을 정도로 날카로운 칼이 적당하다.

작업대는 다양하게 선택할 수 있지만, 개인적으로 나무가 자연스럽다. 하지만 플라스틱 도마를 사용하더라도 칼날의 수명에 영향은 없다.

좋은 빵은 금방 상하지 않는다. 카운터나 도마 위와 같이 건조한 곳에 빵이 잘린 단면을 아래로 해서 보관한다. 이렇게 하면 빵을 며칠 동안 자를 수 있는 상태로 보관 가능하며, 그 이후에는 나머지 부분과 부스러기를 활용해서 푸짐한 식사를 준비할 수 있다.

당시의 유행도 빵 문화에 영향을 미친다. 팰리오*나 케톤식이와 같은 저탄수화물 식단의 인기로 인해 빵에 반대하는 운동이 생겨났다. 나는 빵과 탄수화물을 배제하는 것이 어리석은 행위고, 우리가 누리는 문화와 즐거움을 박탈한다고 생각한다. 이 책을 읽고 있다면 아마도 빵에 반대하는 사람은 아닐 것이다.

제빵사가 완벽한 형태와 기술로 완성도 높은 빵을 만들 수 있을지라도, 만약 어떤 특정 지역 사회의 일원이고, 그 지역 사회를 위해 빵을 만든다면, 그 지역 사회의 문화와 공감대를 반영하게 될 것이다.

…그리고 농업

빵은 근본적으로 농산물이다. 그렇다. 토마토나 기타 농산물과 같이 농부가 가꾸고 시장에서 판매하는 의미에서는 아니지만, 대부분의 지역 베이커리는 미국 농무부의 점검을 받는다. 이는 농부가 곡물을 재배하고, 그 곡물을 제분하고, 여기서 만들어진 밀가루로 빵을 만들기 때문이다.

현재 대부분의 제빵사들이 아티장 빵을 생산하더라도 지역 베이커리에서 생산되는 신선한 제품과는 여전히 거리가 먼 상황이다. 농부나 제분업자와 관계를 구축하거나, 어떤 품종의 곡물을 사용하는지 숙지하고 있는 제빵사는 매우 드물다. 하지만 이러한 상황이 점차 변하고 있다. 킹 아서나 유타의 센트럴 밀링 컴퍼니와 같이 꽤 큰 제분업자들에게 있어서 밀가루 포대에 담아내는 핵심 가치는 바로 일

* paleo: 원시인이 먹던 건강한 식단으로 회귀하는 것.

관성이다. 이 같은 제분업자들은 신뢰성 높은 제품을 생산한다는 자부심을 갖고 있다. 그렇다면 와인처럼 떼루아*의 관점에서 빵을 생각해볼 수는 없을까?

한 농부가 동일한 밀 품종을 별도의 토양에 심고, 두 토지를 동일한 방식으로 경작하면서 동일한 기후 조건에 노출시켜도 완전히 다른 수확물이 나올 수 있다. 수확량뿐만 아니라 밀의 풍미와 성능도 아마 다를 것이다. 일반적으로 대형 제분업자들은 특정 기준을 충족하는 밀을 찾기 위해 광범위한 지역에 걸쳐 곡물을 조달하며, 종종 여러 농장에서 재배된 다양한 밀을 혼합해 일관성 있는 제품을 만든다.

도매로 판매하고 다수의 상점이나 레스토랑에 납품하는 생산 전문 베이커리는 이러한 일관성에 초점을 둔다. 왜냐하면 일관성이 없이는 운영이 불가능하기 때문이다. 예전에는 특정지역에서 밀 작황이 좋지 않으면, 사람들이 품질이 떨어지는 빵을 먹거나 기근이 발생하거나 옥수수나 밤, 보리, 메밀 또는 먹을 수 있는 것이면 무엇이든 먹는 상황에 처하기도 했다. 베이킹은 주변의 환경과도 매우 밀접한 관련이 있었다.

빵을 사러 온 손님에게 이렇게 이야기하는 베이커리를 상상이나 할 수 있을까? "죄송합니다. 지금 판매 중인 빵이 정말 형편없습니다. 올해 밀 작황이 좋지 않았거든요." 혹은 "죄송합니다. 올해는 저희가 다소 이상한 밤 빵만 만들고 있습니다." 아마 그런 제빵사는 없을 것이다. 지역 곡물을 최대한 활용하는 제빵사들조차도, 지역 작황이 좋지 않은 경우에는 좀더 먼 지역에서 재배된 밀을 찾을 수 있다. 상태가 좋지 않은 밀을 먹어야만 하는 상황이 지금은 없다는 것은 좋지만, 예측 가능성, 일관성, 그리고 안정성을 얻는 대가로 다양성, 영양가치, 그리고 맛을 잃게 되었다. 사실 여기서 우리는 생각하는 것보다 훨씬 많은 것들을 잃고 있다.

사람들이 내게 어떤 밀가루를 사용할지 추천해 달라고 하면 답하기가 꽤 어렵다. 어떤 종류의 빵을 만들려고 하는가? 현재 살고 있는 지역에서 구입 가능한 밀가루의 종류는 무엇인가? 나는 사람들이 적어도 다른 지역에서 어떤 종류의 곡물들이 다양하게 재배되는지, 문화와 지형에 어떻게 연결되어 있는지 한번 생각해보았으면 한다. 시칠리아 가스텔베트라노 지역의 곡물 장인인 필리포 드라고는 야생 카모마일과 펜넬이 밀 사이에서 자라면서 곡물에 향기를 입혀서, 그

* terroir: 사전적인 의미는 프랑스어로 토양을 가리킴. 포도주 원료인 포도의 재배에 영향을 미치는 지리, 기후, 재배법 등의 상호 작용하는 것을 일컫는다.

22

밀로 만든 빵에 "일 캄포(il campo)" 지방 특유의 모든 향기들을 불어 넣는다고 말한다.

그의 말은 틀리지 않다. 오히려 꽤 주목할 만한 내용이다. 사실 미국에서는 사람들이 밀가루를 사용할 때 이런 방식으로 접근하지 않는다. 왜냐하면 미국의 농가들은 수천 에이커에 달하는 대규모 방식으로 운영되며, 기계로 쉽게 수확할 수 있도록 특정 높이에서만 자라도록 개량된(넘어지는 것을 방지하기 위해서) 현대적인 하이브리드 밀을 재배하기 때문이다. 미국인들은 밀을 떠올릴 때 금빛 물결로 출렁이는 곡식들을 상상하며 미드웨스트를 떠올린다. 우리는 이렇듯 무한한 단일 재배로 가꿔진 풍요로운 초원을 상상한다. 여기에 특정 지역과 특정 기후, 그리고 각기 다른 토양과 지역적 특색에 맞게 수년에 걸쳐 선택된 다양한 품종들은 존재하지 않는다.

이 책의 활용 방법

이 책에서는 주로 이탈리아 요리 레시피가 수록되어 있지만, 엄밀히 말하면 이탈리아 요리책은 아니다. 나는 이탈리아인이 아니며, 이 책에서 권위 있고, 포괄적이고 완전한 레시피 컬렉션을 선보이려는 것도 아니다. 무엇보다 내가 여행을 하면서 음식을 먹고 대화나 독서를 통해 배운 직간접 경험들과, 브레드 앤 솔트 매장 혹은 집에서 반복적으로 만들어보면서 배운 빵을 중심으로 구성해보았다. 하지만 이 중 대부분은 이탈리아 지역의 빵이다. 왜냐하면 특히 이탈리아인들은 빵에 대한 특별한 경외심이 있기 때문이다.

책의 레시피를 활용할 때는 재료들을 섬세하게 다루는 것이 좋다. 완성된 결과물이 예상보다 마른 상태라면 액체를 약간 첨가하도록 한다. 모든 빵이 동일한 상태일 수 없고, 그 또한 시간이 지나며 달라진다. 여기서 각자의 판단력을 발휘해야 한다. 자주 요리를 하면서 이를 통해 배우고 경험을 쌓는 것이 중요하다. 베이킹 그 자체와 마찬가지로, 과정의 각 레시피 단계에서 최종 결과물의 모양, 질감의 느낌, 냄새 그리고 맛이 어떨지 경험을 통해 배움으로써, 필요에 따라 레시피를 조절할 수 있어야 한다.

나만의 빵을 직접 만들고 싶다면 형식에 구애받지 말고 자유롭게 도전해보자. 내가 추천하는 기본 빵 레시피는 42쪽에 소개되어 있다. 하지만 개인적으로 집에서 빵을 직접 굽는 이들은 다소 일반적이지 않은 사람들이라고 생각한다. 왜냐하면 시간이 많이 소요되고 효율적이지 않기 때문이다. 가정용 오븐은 빵을 굽는 데 적합하지 않다. 빵을 잘 구우려면 굽는 연습을 반복해야 하는데 이 과정에서 많은 비용이 발생한다. 홈 베이킹을 하는 것은 마치 바퀴가 휘어진 자전거를 타는 것과 같다. 할 수는 있겠지만 대부분은 시도하지 않을 것이다.

게다가, 수천 년 동안 사람들이 해온 것처럼 가까운 지역 베이커리에서 잘 구워진 빵을 사는 것이 더 나은 선택일 것이다. 당신이 직접 빵을 굽든지, 혹은 베이커리에서 빵을 구입하든지 상관없이, 이 책은 빵을 다양하게 활용하는 방법을 알려준다. 익숙한 용도(샌드위치 혹은 토스트 등)에서부터 묵은 빵을 활용하는 법에 이르기까지(파스타, 채소 요리, 디저트 등) 다양한 활용 팁을 만나볼 수 있다. 이 책에서는 내가 빵과 함께 곁들여 먹는 가장 좋아하는 음식들도 수록했는데, 이는 문화적으로 사람들이 빵과 항상 곁들여 먹어온 자연스러운 조합이다. 이 부분에서는 빵이 한 끼 식사의 가치를 높일 수도 있다는 점을 주목한다. 예를 들어, 고기 덩어리를 추가하는 것보다 콩을 함께 먹는 것이 더 적절하며 비용도 더 저렴하다. 특히 훌륭한 제빵사(혹은 여러분이 그 제빵사)가 좋은 곡물로 만든 빵을 구입해 콩 요리에 곁들인 한 끼 식사는, 베이컨이나 육류를 함께 먹는 것보다 환경과 건강에 더 좋은 선택이다.

마지막으로, 일부 레시피는 이야기 형식으로 설명했다. 정확한 계량이 필수가 아닌 간단한 레시피에 대해서는 지나치게 자세한 설명을 쓰고 싶지는 않았다. 사실, 레시피라기보다는 요리에 대한 아이디어나 사람들과 주고받는 대화 같은 것이다. 나는 집에서는 일터에서처럼 일일이 정확하게 계량하지 않는다. 이러한 이야기들은 내가 실제 요리하는 방식에 더 가깝다. 요리하면서 실수할 것을 걱정하지 말자. 자신만의 스타일로 자유롭게 변형해보고 즐거운 마음으로 요리하자.

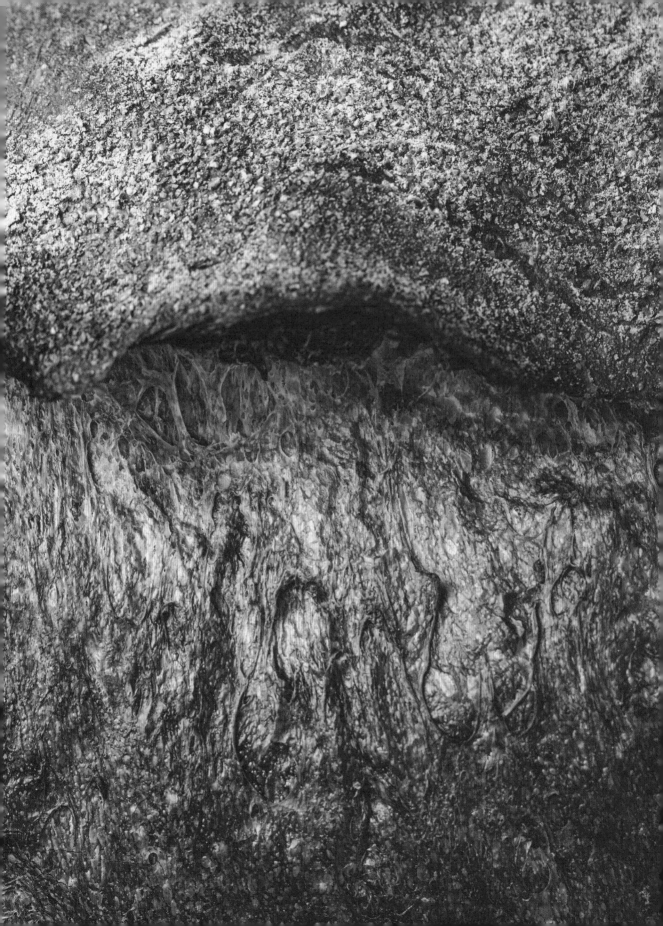

필수 식재료

다음은 기본이 되는 식재료로, 내가 가장 많이 사용하는 재료들이다. 여러분도 마찬가지일 것이다. 이 재료들은 기본이 되고 요리의 토대가 되므로 사람들이 종종 당연하게 여기는 경향이 있다. 그렇지만 이것은 올바른 태도가 아니다. 이 재료들은 세심한 주의를 기울여 사용할 필요가 있다.

밀가루

나는 용도에 따라 다른 밀가루를 구입한다. 빵이나 페이스트리를 만들 용도인지, 또는 코팅 또는 튀김 전에 가루를 묻히는 용도인지에 따라 각각 다르다. 또한 다양한 종류의 빵을 만들기 위해 각기 다른 종류의 밀가루를 선택한다.

나는 가능한 유기농 밀가루를 사용할 것을 추천한다. 제초제인 라운드업*은 인체에 유해하다. 유기농이 아닌 밀의 경우, 농약이나 미생물 살균제를 처리했다는 보장이 없다면, 밀가루와 함께 나도 모르게 섭취할 위험이 있다.

나는 다양한 종류의 빵과 기타 용도로는 맷돌 제분 방식의 밀가루를 선호한다. 개인적으로 거친 외피는 걸러지고 영양분이 알갱이 안에 보존된 상태의 밀가루를 선호한다. "고추출(high-extraction)" 밀가루라고도 불리는 이 밀가루는 통곡물 밀가루처럼 무겁지는 않지만, 다채로운 풍미와 생명력을 그대로 간직하고 있다.

베이킹을 처음 하는 경우라면 킹 아서, 밥스레드밀, 센트럴 밀링과 같은 대형 제분업체가 생산하는 신뢰할 만한 제품부터 시작해보자. 단백질 함량이 높은 강력분은 매우 강하고 쉽게 다룰 수 있으며, 물이 많이 필요하다. 하지만 대부분의 다목적 밀가루도 품질 높은 빵을 만드는 데 사용할 수 있다. 베이킹 과정에 익숙해지고 반죽 다루기에 숙련되면, 더 많은 맷돌 제분 방식의 통곡물 밀가루, 소규모 지역 제분업체가 생산한 밀가루, 그리고 대체 곡물들에 도전해보자.

"나쁜 밀가루란 없다. 나쁜 제빵사가 존재할 따름이다"라는 말을 들은 적이 있다. 이 말은 몇 년 동안 나를 끈질기게 괴롭혔다. 지역에

* Roundup: 미국 몬산토사가 개발해 전세계 농가에서 널리 사용되는 제초제.

서 재배한 밀을 가지고 지역 제분소에서 좋은 밀가루를 만드는 데 어려움을 겪을 때, 효소의 활성도가 지나치게 높거나 제분 과정에서 전분이 많이 손상된 밀가루, 발효 저항도가 낮거나 반죽의 혼합 저항도(mixing tolerance)가 낮은 밀가루 등의 문제를 맞닥뜨렸을 때 특히 그랬다. 훌륭한 제빵사들은 수년간의 경험을 통해 작업 중에 겪는 다양한 문제들을 보완하기 위해 공정 과정에서 여러 가지 필요한 조정을 한다. 또한 그들은 만들고자 하는 빵의 종류를 잘 이해하고 있으며, 여기에 필요한 밀가루와 기술을 선택한다. 물론 모든 밀가루가 모든 종류의 빵에 적합한 것은 아니다. 최고의 제빵사들은 각각의 곡물과 밀가루에 대해 알고 이해하고 있으며, 이 재료들을 최상의 상태로 이끌어낼 수 있는 능력을 갖추고 있다. 여러분은 밀가루를 접하기 시작할 때 가능한 다양한 밀가루들을 알아보도록 하자.

소금

소금은 바다 혹은 과거에 바다였던 지역에서 얻는다. 나는 모든 요리와 베이킹에 일반 소금을 사용한다. 소금은 염분을 제공하는 것 외에도 기분 좋은 미네랄을 지니고 있으며, 음식에 전반적으로 감칠맛을 더해준다. 나는 여러분에게 질감이 다양한 소금을 준비하라고 권한다. 서로 다른 바다에서 얻은 소금을 사용해서 자신이 선호하는 맛을 찾아보고, 요리에서 각기 어떻게 다른 맛을 내는지 살펴보자. 가능한 최소로 정제된 소금을 찾아서 항 응집제가 포함되지 않은 순수한 소금을 사용하도록 한다.

많은 요리 전문가들이 코셔 소금이 유일한 선택이라고 주장하고 있다. 대부분의 전문가들이 사용하는 소금인데, 진정한 고르게 간을 맞출 수 있는 유일한 소금으로, 음식 본연의 맛을 해치지 않는 순수한 염분만을 제공한다. 코셔 소금의 모양과 알갱이의 크기는 손으로 쉽게 집을 수 있으며, 음식 위에 뿌려서 고르게 간을 조절할 수 있다.

그런데 안타깝게도 코셔 소금은 거의 100% 염화소듐으로 구성되어 있어서, 화학적 정제를 통해서만 만들 수 있다. 모든 소금은 증발 과정을 통해 얻는다. 나는 다른 미량의 미네랄 성분이 음식의 맛을 방해하기보다 오히려 향상시킨다고 믿는다. 전문가들이 코셔 소금을 선호하는 이유 중 하나는 비교적 값이 싸고, 이 소금을 만든 소금 회사들이 훌륭한 마케팅 전략을 구사하기 때문이다. 모든 사람들이 이것에 익숙해졌고, 적어도 미국에서는 표준이 되었다. 일반 소금은 코셔 소금보다 더 비싼 반면에, 코셔 소금과 같은 대량 생산 제품은 저렴하게 만들어진다.

이러한 이유들 때문에 나는 오히려 코셔 소금을 전혀 사용하지 않는다. 소금은 여러분의 부엌에서 가장 중요한 식재료일 수 있다. 자신이 좋아하는 소금을 찾아보고 선택해서 신중하게 사용하도록 해야 한다.

마늘

토마토나 고추, 가지를 고르듯이 제철 마늘을 선택하자. 북동부 지역에 거주한다면, 봄과 가을에 마늘을 구입하되, 되도록 지인이 생산하는 마늘을 구입하는 것을 추천한다. 미리 껍질을 벗긴 마늘은 절대 구매하지 않도록 한다. 이러한 마늘은 화학물질로 처리되어 있기 때문에, 그 냄새와 맛이 형편없다(미리 다진 마늘은 말할 것도 없다). 마늘 종류에 따라 장기 보관에 유리한 것과 불리한 것이 있다는 점도 유의해야 한다. 마늘이 건조처리된 경우에는, 얼마나 잘 건조처리(큐어링)* 되었는지, 그리고 얼마나 오래 보관할 수 있는지 주의 깊게 살펴본다.

달걀

달걀은 반드시 지역 생산자에게 구입하도록 한다. 크기는 각자 선호하는 대로 고르면 된다. 따라서 이 책의 레시피에서는 달걀 크기를 구체적으로 언급하고 있지는 않다. 나는 개인적으로 노른자의 색이 매리골드꽃의 색처럼 선명하고 진한 것을 선호한다. 하지만 무엇보다도 내가 좋은 달걀을 판단하는 기준은 바로 맛과 냄새다. 좋지 않은 달걀은 특이한 냄새가 나고 주르륵 흘러내리며, 달걀 흰자가 단단하지 않다. 마음에 드는 달걀을 찾기 전까지는 다소 품질이 떨어지는 달걀을 여러 번 먹어야 할 수도 있다.

* curing: 작물을 수확후 저장성을 높이기 위해 건조 처리하는 기술.

토마토

일부 특별한 경우를 제외하고는, 이탈리아에서는 각기 다른 토양, 기후, 전통 그리고 품종이 전혀 다른 맛있는 토마토를 생산한다. 나는 일정한 산미, 풍미 그리고 질감을 지닌 토마토를 선호하며, 사용 목적에 따라 달리 선택한다. 때로는 미네랄 맛이 약간 느껴지는 쓴맛도 좋아한다. 이탈리아에서는 다른 어느 나라보다 토마토 재배에 더 많은 노력과 관심을 기울이며, 소규모 생산자가 대부분이다.

피자와 미트볼에는 플럼 토마토 품종을 사용한다. 늘 산 마르차노 토마토를 사용하진 않는다. 첫 번째로, 이 품종은 가격이 비싸다. 두 번째로, 나는 피자와 미트볼을 만들 때 다소 산미가 있고, 풍미가 깊은 품종을 선호하는데, 이 품종은 물기가 적고 조리에 시간이 오래 소요된다. 따라서 빠른 시간 내에 조리해야 할 경우에는 좀 더 작은 토마토를 사용한다.

앤초비

이 책에서는 소금에 절인 앤초비를 소개한다. 나는 통 앤초비를 구입하는 편인데, 다른 앤초비보다 품질이 대개 우수하기 때문이다. 오일에 담긴 앤초비는 흙맛이 나고 너무 무르다.

구입한 앤초비를 흐르는 찬 물에 헹군 뒤 소금으로 문지른다. 작은 지느러미를 떼어낸다. 엄지손가락으로 배쪽을 훑어내리면서 내장을 열고, 양옆으로 눌러 가운데 뼈를 제거한다. 마지막으로 헹군 뒤 키친타월로 두드려 물기를 제거한다. 이렇게 손질한 앤초비는 바로 조리에 사용할 수 있다. 손질한 앤초비를 나중에 사용하는 경우에는 화이트 와인에 잠깐 담가두면 풍미가 좀더 살아난다. 이 앤초비를 건져서 다시 말린 뒤 올리브 오일에 담가둔다. 이 상태로 1주일 이내에 사용해야 한다.

토마토 페이스트

토마토 페이스트에는 시칠리아 스트라뚜*를 추천한다. 시중에서는

* Sicilian strattu: 시칠리아산 토마토 농축 페이스트.

이 제품보다 품질 좋은 토마토 페이스트를 구할 수 없다. 품질 좋은 스트라뚜(또는 에스트라토*)와 토마토 페이스트는 동일한 제품이라고 거의 볼 수 없다. 스트라뚜는 진한 벽돌색 색상으로 칼로 자를 수 있을 만큼 뻑뻑한 진흙 같은 점성이 특징이다. 전통 방식으로 일일이 손으로 선별한 최상급 플럼 토마토의 껍질을 벗기고, 씨를 제거한 후 으깨어 소금을 넣고 약불에서 살짝 데쳐낸다. 그런 다음 토마토의 수분을 제거한 후 나무 트레이에 펼쳐놓고 며칠간 햇볕에 말려 천천히 건조한다. 오늘날 토마토 페이스트는 북 아프리카, 터키, 중동 일부 지역에서 여전히 비슷한 방식으로 만들지만, 이 지역은 다른 종류의 토마토를 사용한다.

올리브 오일

나는 일반적으로 이탈리아산 올리브 오일만 구매한다. 이탈리아 식품 수입업체인 구스티아모에서 진짜 올리브 오일을 구별하는 방법을 작성했는데, 내용을 요약하자면 다음과 같다.

1) 라벨에 "이탈리아산 올리브 오일(Italian Olive Oil)" 또는 "올리오 엑스트라 버진 디 올리바 이탈리아노(Olio Extra Vergine di Oliva Italiano)라고 표기되어 있어야 한다. "이탈리아 제품(Product of Italy)"이라고만 표시되어 있다면, 오일에 실제로 사용된 올리브가 이탈리아산이 아니거나 이탈리아에서 압착하지 않았을 수 있다. 이 표기는 해당 올리브 오일이 이탈리아에서 병에 포장되었다는 의미다. 이 제품은 이탈리아 외의 다른 국가에서 수확된 각종 올리브와 신선도(또는 산도)가 다른 올리브를 혼합했을 수 있다.

2) 신선도를 확인할 수 있는 수확일이 표기되어 있어야 한다. 수확날짜가 명시되지 않은 경우라면 해당 오일이 각기 다른 국가의 올리브 오일들을 혼합한 제품이거나, 각기 다른 해 수확한 올리브로 만든 제품일 수 있다.

3) 엑스트라 버진, 냉압착, 정제 올리브 오일이라고 표기되어 있는 경우, 오일이 신선하거나, 적절하게 추출해서 저장되었다는 의미인 것은 아니다.

* estratto: 스트라뚜는 시칠리아 지방 사투리.

올리브 오일에 대한 법적 규제는 거의 드물기 때문에, 어떤 라벨을 찾아야 할지 또는 정확히 어떻게 구매해야 할지 구체적으로 안내하기는 어렵다. 그럼에도 불구하고, 참고가 될 만한 정보들을 공유하고자 한다. 어업, 다른 산업분야에서 노동 착취에 대한 인식이 점차 높아지고 있지만, 올리브 오일 산업에 종사하는 노동자들은 어선의 노예 노동과 유사한 고통을 겪고 있다. 불공정한 노동 관행을 근절하려면 올리브 오일은 자체 올리브 나무와 추출시스템을 갖춘 소규모 가족 기업 단위에서 생산되어야 한다. 이 두 가지 생산 조건을 모두 갖추는 것은 상품 추적과 순도에 매우 중요한 영향을 미친다. 물론 이러한 형태로 생산된 올리브 오일은 가격이 더 비싸게 형성될 수는 있지만, 값싼 재료들 여럿보다는 질 좋은 식재료를 몇 가지 구입하면 더 맛있고, 모두가 건강해질 수 있는 음식을 만들 수 있다.

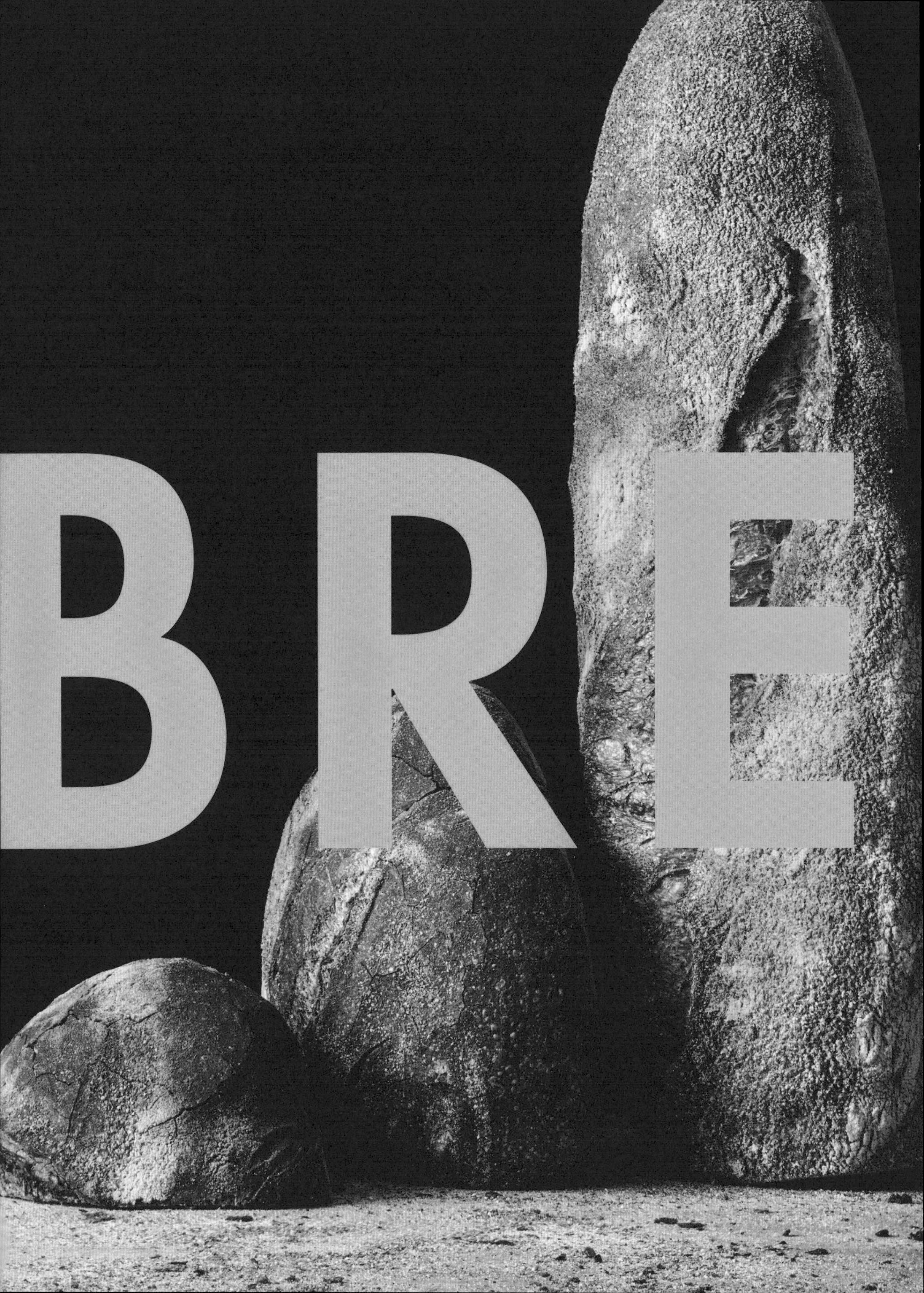
BRE

ADS

나는 처음에 베이킹 책은 쓸 생각이 없었다. 원래 계획대로라면 빵 레시피는 여기 포함되지 않았을 것이다. 나의 출발점이 홈 베이킹이었기 때문에, 그 과정이 상당히 어렵고 효율성이 떨어진다고 느꼈다. 하지만 그 어떤 출판사도 빵 레시피가 빠진 책을 출간하려고 하지 않았으므로, 나는 결국 몇 가지 빵 레시피를 수록했다. 이 책에서는 시그니처 빵을 따로 소개하지는 않는다. 사실 시중에는 이를 주제로 이미 많은 훌륭한 책들이 출간되어 있기 때문이다. 그렇지만 이미 잘 알려진 내용은 굳이 다루지 않더라도, 이 책을 접하는 여러분이 베이킹 과정과 필요한 내용들에 대해 더 깊이 이해할 수 있도록 기본 원리를 소개하고자 했다.

스타터

여러분은 제빵을 할 때 이 책에서 소개하는 레시피나 다른 레시피를 활용할 수 있다. 하지만 이 책의 핵심 사항은 레시피가 아니다. 더 중요한 것은 여러분이 자신만의 스타터*를 배우고 만드는 것이다. 스타터를 관리하는 요령을 배우고, 예측 가능한 일정에 맞추기 위해 필요한 규칙과 엄격함을 익히고, 이를 위해 필요한 것을 아는 동시에 그 필요를 충족시킬 수 있는 방법을 습득하는 것이다.

여러분이 스타터를 여러 번에 걸쳐 피딩**하게 되면, 더 품질 좋은 스타터가 만들어질 것이다. 아래의 레시피를 따라하면 7~10일 내에 사용할 수 있는 스타터를 만들 수 있지만, 오랜 기간에 걸쳐 스타터를 피딩하지 않으면 일관성이나 예측 가능성이 떨어질 수도 있다. 동일한 이 스타터로 두 번째 또는 세 번째 빵을 만들어보면 처음 만든 빵보다 훨씬 나은 결과물이 나올 가능성이 높다. 그 이유는 시간이 지나면서 스타터가 좀 더 건강하고 안정적이 되기 때문이다.

나는 스타터를 만드는 전 과정에서 냉장 보관을 권장하지 않는다. 스타터가 형성되는 초기에는 특히 주의해야 하는데 냉장 보관을 할 경우 이스트의 성장이 둔화될 수 있다. 다시 말하지만 나는 스타터를 냉장 보관하는 것을 결코 권하지 않는다. 그러나 만일 장기간 집을 비워야 할 경우, 또는 스타터의 생성기간을 뒤로 미루고 싶은 경우와 같이 냉장이 필수인 상황이라면, 스타터의 크기가 최소 2배에서 3배 커질 때까지 며칠간 기다렸다가 냉장 보관하는 것이 좋다. (정확한 냉장 보관 방법은 아래에서 설명한다.)

준비물

계량 저울

액체 4컵을 담을 수 있는 깨끗하게 씻은 투명 용기

깨끗한 행주

약 26~28℃ 온도를 유지할 수 있는 공간
(아래 참고사항 참조)

일반적인 온도조절기나 프로브 온도계보다 정확도가
높은 방 온도계

재료

건포도 … 50g

생수 … 1500~2000g (피딩용 15~20회분 각 100g씩),
피딩 1회당 추가분 100g

맷돌에 간 호밀가루 … 100g,
또는 통밀가루

제빵용 강력분(단백질 함량 12% 이상인 것) … 1500~2000g
(피딩용 15~20회, 회당 100g씩)

조리법

참고 사항: 스타터 만들기의 핵심은 온도를 맞추는 일이다. 이스트에 유리한 온도는 26~28℃ 인데, 27~28℃가 알맞다. 집에서 이 온도에서 스타터를 보관할 수 있는 장소를 확보하는 것이 필요하다. (여러 가지 방법이 있는데, 예를 들면 불을 켠 오븐 안이나, 전자레인지에 보관하는 것이다.) 항시 적정 온도를 유지하기 위해 실내 온도계와 조리용 프로브 온도계를 모두 구비해둘 필요가 있다.

스타터 만드는 방법은 다음과 같다. 용기에 건포도를 넣은 뒤 26℃에

* starter: 천연 발효종이라고도 하며, 공기 중, 밀가루에 들어 있는 자연 이스트를 활용해서 반죽을 만든다.
** feeding: 이스트를 생육시키는 것으로, 발효종을 만드는 전 과정에서 필요한 간격으로 이스트의 먹이가 되는 밥을 주는 것을 뜻한다.

서 27℃로 끓인 생수 200g을 함께 붓는다. 수건을 용기에 가볍게 덮어둔다. 24시간 동안 21~28℃ 사이의 온도를 유지해야 한다. 일반적으로, 스타터를 몇 차례 만들고 난 후에는 수돗물을 사용할 수 있다. 하지만 새로운 스타터를 배양할 때는, 석회나 염소처럼 스타터가 형성되는 것을 방해하는 성분이 포함되지 않도록 한다.

24시간이 지나면 건포도를 제거하고, 액체만 남겨둔다. 이 액체 100g을 맷돌에 간 호밀가루 또는 통밀가루에 붓고 섞는다. (호밀가루는 조금 더 활발하게 반응하며, 발효과정을 빠르게 진행시킬 수 있다.) 이렇게 섞은 혼합물을 깨끗한 행주로 살짝 덮어둔 뒤 27~28℃로 24~72시간을 둔다.

이 시간 동안 혼합물의 부피가 약간 커지고 덩어리에 기포가 생기는 것을 관찰할 수 있다. 이 상태에서 다음 단계로 넘어간다. 이 과정은 대략 24~72시간이 소요된다. (내가 가장 최근에 작업한 스타터는 약 36시간 소요되었다.)

만약 72시간 내에 질량에 아무런 변화가 보이지 않는다면, 과감히 버리고 처음부터 다시 시작해야 한다.

부피가 약간 커지고 표면에 거품이 생겼을 때, 표면이 말라 있다면 살짝 긁어내도록 한다. 남은 액체 100g과 밀가루 100g, 28℃의 생수 100g을 혼합한다. 이 혼합물을 다시 27~28℃의 온도를 유지할 수 있는 장소에 24시간 동안 놓아둔다. 이 단계에서 실제로 활성화가 일어나면서 혼합물이 부풀어 오르는 것을 육안으로 관찰할 수 있어야 한다. 부풀어 오르는 동안에는 24시간마다 강력분 100g과 생수 100g을 추가하고 스푼으로 부드럽게 저어주거나 손을 깨끗이 씻고 손가락으로 섞어준다.

3일이 지나고 스타터가 계속해서 부풀어 올랐다면 짧은 간격으로 2번 연속 12시간마다 추가로 재료를 피딩한다. 스타터의 부피가 3배 정도 커지는 것이 이상적이다. 발효가 활발하고 거품이 많이 생겨야 한다.

이때 스타터가 3~4시간 내에 최고점에 도달하도록 만드는 것이 목표다. 12시간 간격으로 2번에 걸쳐 추가 재료를 넣은 뒤에는, 3~4시간 간격으로 재료를 추가하는 시점에 도달할 때까지 8시간마다 재료를 추가한다. 이 단계에 이르면 해당 스타터를 가지고 베이킹을 시작할 수 있다. 여기서는 걸리는 시간이 중요하지 않다. 스타터의 크기가 3배 이상 커질 것이므로 더 짧은 간격으로 피딩해야 한다.

스타터를 바로 (또는 당일) 사용하고자 하는 경우, 따뜻한 곳에 두고 1주일에 2~3번 피딩한다. 바로 사용하지 않는 스타터는 뚜껑을 덮고 냉장고에 남은 분량을 보관하면서, 1주일에 1번씩 피딩한다. 스타터를 재활성화하려면 26~28℃의 온도에 두고 사용 전에 약 2~3번에 걸쳐 피딩한다.

나는 과거에 비해 밀가루에 대한 광적인 열정이 많이 줄었다. 흰 밀가루를 써도 괜찮으며 일정한 결과물을 얻기 위해 이스트를 사용해도 좋다고 생각한다. 좋은 제빵사는 섬세함을 발휘해 베이킹 과정에서 잘못된 부분을 찾아내어 이를 수정할 수 있다. 이것은 단순히 레시피에서 알 수 있는 부분이 아니며, 책에서 얻는 정보도 아니다. 이러한 요령은 끊임없이 반복해서 빵을 만들고 그 과정과 결과물에 세심한 주의를 기울이면서 습득된다.

홈 베이커를 위한 빵

빵 2개 분량

앞서 말한 대로, 나는 홈 베이킹을 특별히 선호하지 않는다. 하지만 여러분이 홈 베이킹을 해보고자 하고 여기에서 기쁨과 만족을 느낀다거나, 제빵의 기본 메커니즘을 심도 있게 이해하고 싶다면, 나의 풍부한 홈 베이킹 경험을 바탕으로 여러분에게 홈 베이킹에서의 핵심 요소와 방향을 조언해드릴 수 있다. 만일 집에서 훌륭한 베이킹 결과물을 얻기 위한 조언이 필요하다면, 시중에 이미 관련 책들이 나와 있기 때문에 나는 굳이 같은 주제를 중복해서 다루지 않겠다.

우선, 모든 밀가루는 각기 특성이 다르며 때로는 같은 밀가루 공장에서 생산되었어도 작업장 배치*별로도 달라질 수 있다. 소규모 지역 생산자에게 밀가루를 공급받는 경우라면, 특히 밀가루는 제분소마다 그 특성이 분명히 다르다. 이 책에서 기본 파라미터를 소개하고 일정 수준의 담백질 함량이 충족되는 밀가루를 구입하라고 이야기할 수도 있지만, 신중하게 판단해야 한다. 단백질 함량은 고려해야 할 다양한 조건들 중 하나일 뿐이며, 실제로 글루텐 품질에 대한 정보는 전혀 없다. 내가 즐겨 먹던 빵들 중에는 단백질 함량이 9~10% 정도에 불과한 밀가루로 만든 것이 있는가 하면, 어떤 빵은 단백질 함량이 13~15%임에도 형편없기도 했다.

밀의 "폴링 넘버"** 수치가 300초 이상인 것을 선택하자. 이 수치는 효소의 활성화를 나타낸다. 수치가 낮을수록 효소의 활성화가 활발하게 일어나기 때문에 밀의 발아에 지장을 주고 밀가루 품질이 나빠진다. 이는 습한 지역에서 생산되는 밀에 더 흔한 문제이며, 일반적으로 관심 갖고 주의를 기울여야 한다.

하지만 이는 단지 수치와 기술적인 세부 사항들일 뿐이고, 내 자신과 밀, 그리고 더 나아가 제분업자와의 관계 형성을 완전히 대신할 수 없다. 훌륭한 제빵사는 필요에 따라 그 과정들을 조정할 수 있는 다양한 감각적인 단서들을 활용한다.

빵 레시피의 어려운 점 중 하나는 여러분이 만든 스타터가 내가 만든 것과 다를 수 있다는 점이다. 여러분에게 스타터를 일부 나눠 준다 해도 여러분 집에 존재하는 이스트 군집과 다양한 미생물의 활동으로 시간이 지남에 따라 스타터가 변할 것이다. 밀과의 관계 형성

* batch: 한 번에 여러 개를 만드는 조리 방식을 말한다.
** falling number: 밀가루가 물속에서 아래로 떨어지는 시간. 밀의 전분 분해 역할을 하는 알파 아밀라제 효소의 활성 정도를 측정하는 기준이 된다.

외에도, 여러분은 스타터와의 관계를 발전시켜야 한다. 스타터의 주기, 리듬, 행동을 이해하고, 일관된 피딩 일정을 유지하면서, 스타터에 필요한 것이 무엇인지, 언제 필요한지, 그리고 최적의 형성 방법을 이해해야만 한다.

환경은 또 다른 중요한 요소다. 상업용 베이커리에는 큰 발효기와 온도 조절이 가능한 공간이 마련되어 있어, 예측 가능한 일정에 따라 반죽을 형성하고 숙성할 수 있다. 홈 베이킹에서도 베이커리와 일정 수준 유사한 조건으로 온도를 조절하기 위해 추천하는 여러 방법이 있다. 빵을 오븐에 넣은 뒤 온도조절기는 꺼두고 불빛만 켜둔다. 아마도 점화시킨 불빛만으로도 온도를 충분히 유지할 수 있을 것이다. 쿨러 안에 전기 어항 히터와 임시 제어 시스템을 설치하는 방법도 있다. 또는 옷장에 작은 히터를 설치하고 낮은 온도로 설정하거나, 홈 베이킹용 소형 발효기를 구입할 수도 있다. 하지만 이런 모든 방법들이 개인적으로는 실용성이 떨어지고 비용과 노력이 많이 필요하다. 하지만 정말 열정적이고 손재주가 있는 분이라면, 필요한 장치들을 갖추고 한번 시도해보길 권한다.

여기서 주목해야 점이 바로 대량 효과다. 대량으로 반죽을 하면 온도를 오랜 시간 일정하게 유지할 수 있다. 결과적으로, 적은 양보다 훨씬 균일하고 완전하게 발효가 가능하다. 반죽이 소량일 경우에는 곧바로 실온에 맞춰져 온도가 평준화된다. 일반 가정 환경에서 반죽을 대량으로 만드는 것은 비현실적이므로 주변 상황에 따라 발효 과정을 적절하게 조절하기 바란다.

온도를 일관성 있게 유지하면 대강이나마 베이킹 시간을 예상하고 계획하는 데 유용하다. 실제로 방 온도는 일반 가정의 온도 조절기의 설정과는 다를 수 있으므로 정확하게 추적하기 위해서는 방 온도계를 구입하는 것이 좋다.

예를 들어, 집에서 밀가루를 보관하고 빵을 굽는 방의 온도가 약 20℃에서 25℃ 사이라고 가정하면, 동일한 온도의 물을 사용하고 빵에 사용하는 스타터의 양을 조절한다. 예를 들어, 온도가 20℃에 가까울 경우, 빵을 혼합할 때(밀가루 양에 대한 비율로) 5~6% 정도의 활성 스타터를 사용하고, 온도가 높아질수록 이 비율을 줄이는 것이 좋다.

만약 온도가 해당 범위를 벗어날 경우, 쿨러나 히터를 사용해 반죽의 온도를 조절한다. 여기서의 목표는 반죽의 온도를 주변 공기와 일치시키는 것이다.

빵 만들기에 관심이 있거나 특히 좋은 빵을 만들고 싶다면, 최대한 많이 만들어보고 많이 실패해보는 것이 좋다. 나 역시 지금도 자주 실패한다. 물론 이렇게 시행착오를 겪다 보면 오랜 시간이 걸리기 마련이다. 그러나 이는 각 과정 단계에서 좋은 빵의 모양, 느낌, 냄새 그리고 맛에 대해 배울 수 있는 최고의 방법이다.

먼저 이 방법을 시도하기 앞서서 스스로 좋은 빵에 대한 정의가 무엇인지 명확한 기준을 갖는 것이 중요하다. 내가 원하는 목표를 정확히 이해하고 이를 달성할 방법을 찾아내야 한다.

이 레시피는 초보자를 위한 것이 아니다. 만약 빵 만들기가 처음이라면 인터넷에서 널리 소개된 짐 레이히의 훌륭한 무반죽 레시피를 시도해보라. 또는 커뮤니티 그레인즈와 같은 곳에서도 구입할 수 있는 다양한 종류의 밀가루 또는 파머스 마켓에서 구입할 수 있는 종류들을 시도해보자. 통밀과 흰 밀가루를 혼합해서 같은 레시피를 도전해보자. 그다음에는 채드 로버트슨의 저서 『Tartine(타르틴)』의 복잡한 레시피를 참고해 동일한 방식으로 빵을 만들어보자. 온도, 습도, 사용하는 밀가루의 미세한 차이가 타이밍과 반죽의 성능에 영향을 줄 것이다.

여기까지 내가 빵을 만드는 방식을 설명해보았다. 날씨에 따라 이 방식은 실제로 달라질 수 있으며, 오븐을 하루 종일 켜놓았을 때 방이 더 더워질 수도 있다. 이러한 내용을 단순화하지는 않겠지만, 여기서 강조하고 싶은 것은 여러분이 대량 생산된 재료로 산업화된 제품을 만들고 있는 것이 아니라는 사실이다. 제빵은 어린아이나 적어도 작은 애완동물 돌보는 것과 같다. 집중하고 세부 사항에 주의를 기울여야 한다. 그리고 이러한 세부 사항들이 다양하게 변할 수 있다는 사실을 또한 받아들여야 한다. 세부 사항이 동일한 방식으로 유지되는 유일한 방법은 단순화된 레시피, 상업용 이스트, 대량 생산된 재료를 사용하는 것이다.

그렇다고 해도, 내가 사용하는 방법은 스타터가 필요한 다른 빵 레시피와 많이 유사하다. 따라서 이것을 굳이 따로 설명하지 않겠다.

조리법

참고 사항: 물의 온도는 매우 중요하다. 알맞은 물의 온도를 계산하기 위해 방의 온도와 스타터의 온도를 알아야 한다. 최종 반죽 온도는 약 26℃가 되도록 해야 한다. 26과 4를 곱하면 104℃라는 기준 온도가 계산된다. 여기서 밀가루 온도와 스타터의 온도를 뺀다. 이렇게 계산한 숫자는 적절한 물 온도의 기준이 된다. 수작업으로 섞을 때 발생하는 마찰계수*는 무시해도 된다. 정확한 온도계는 필수품이다.

물 700g과 밀가루를 크기가 넉넉한 그릇에 담고, 마른 밀가루가 남지 않도록 잘 섞는다. 그릇에 랩을 씌운 후 따뜻한 곳(약 26~28℃)에서 20분간 숙성시킨다. 20분 후 남은 물에 스타터를 섞은 다음, 반죽에 부어 손가락으로 모든 재료를 균일하게 섞는다. 다시 랩을 덮고 따뜻한 곳에서 10분간 둔다. 이제 소금을 추가하고 물을 넣어 완전히 녹아 섞일 때까지 반죽한다. 다시 랩을 씌운 후 따뜻한 장소에서 15분간 둔다.

15분이 지난 후, 반죽의 한 모퉁이를 잡고 늘여서 중앙으로 접어준다. 그릇을 돌려가면서 이 과정을 반복하는데, 반죽이 탄력 있고 단단해질 때까지 한다. 부드러운 면이 위로 오도록 반죽을 뒤집고 랩을 씌운 후 따뜻한 장소에서 다시 15분 동안 둔다.

이 시점에서는 반죽에 힘이 생기고 좀더 부드러워지고 단단해지는데, 사용하는 밀가루에 따라 조금씩 차이가 있을 수 있다. 필요한 경우 물을 천천히 조금씩 추가하면서 반죽의 상태를 확인한다. 다양한 밀가루로 작업을 하면 각기 다른 종류들이 가진 고유한 질감과 특성을 익히게 될 것이다.

15분 간격으로 반죽을 3번 접어준 뒤, 기름을 가볍게 칠한 직사각형 용기에 반죽을 옮겨 담는다. 용기 측면에 테이프를 붙여서 반죽 상단 위치를 표시한다.

이렇게 반죽을 접어둔 지 30분이 지난 후에 반죽을 다시 한번 접는다. 이번에는 작업대를 물로 살짝(적당히 축축한 정도로 물이 고이지는 않게) 적셔준다.

준비물

주방저울

디지털 온도계

뚜껑 있는 직사각형 형태의 용기(살짝 기름칠), 가능하면 반죽이 부풀어 오를 위치에 뚜껑이 있는 것

더치 오븐** 1~2개

벤치(반죽) 스크래퍼

발효용 바구니 2개, 또는 그릇이나 체에 수건을 깔아 대체 가능

재료

물 … 800g (물 추가 가능: 조리법 참조)

강력분 … 1000g (작업대 위에 뿌릴 분량은 추가로 준비)

스타터 … 200g (완전히 숙성된 상태)

소금 … 25g

* friction: 반죽 섞을 때 마찰 때문에 반죽 온도가 올라가는 값.
** Dutch oven: 보통 주철로 만든 꼭 맞는 뚜껑을 가진 두꺼운 조리 용기.

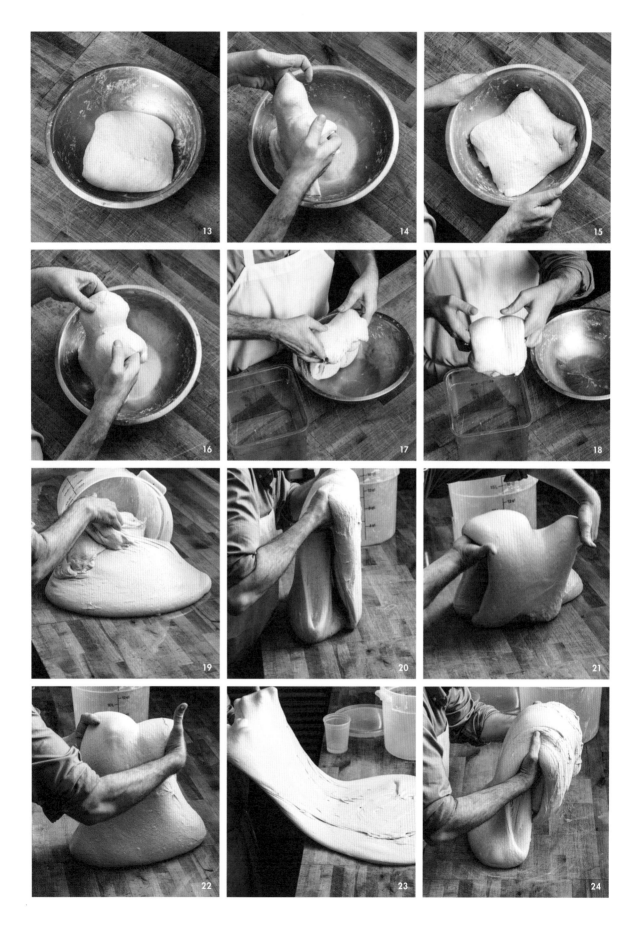

반죽을 그릇에서 꺼낸 뒤 반죽을 아래에서 들어올리며 접어준다(46
~47쪽 사진에 자세히 설명되어 있다) 반죽을 용기에 다시 넣고, 매끄러운
면이 위로 오도록 해서 따뜻한 장소에 둔다.

반죽이 점점 단단해지고 더 많은 공기를 포함하게 되면, 30분마다
1번씩 반죽을 접는다. 반죽에 힘이 더 생기고 기포가 많이 올라오면
접는 것을 멈추고 발효를 진행한다. 반죽 접기와 발효는 온도, 스타터
의 상태, 밀가루의 강도에 따라 4~6시간 소요된다. 반죽이 원래 크
기의 약 1/3에서 1/2만큼 더 부풀어 오르면, 반죽을 잘라 성형할 준
비가 된 것이다.

반죽의 부피가 충분히 늘어났는지 확인하려면, 모서리를 조금 떼어
물에 넣은 뒤 떠오르는지 확인해본다. 성형할 수 있을 만큼 충분히
부풀었는지 판단하기 어려울 때 해볼 수 있는 테스트다.

작업대 위에 밀가루를 바르고 준비된 반죽을 붓는다. 벤치 스크래퍼
를 사용해 반죽을 절반으로 자른다 (참고: 반죽이 소량일수록 온도 유지가
어려워진다. 따라서 반죽 5000g은 반죽 500g보다 발효가 더 잘 된다. 그래서 이 레
시피뿐만 아니라 다른 레시피에서도 빵 2개를 만들기 충분한 반죽을 한다.)

반죽이 부푼 정도에 따라 반죽 강도를 각기 조절하며 성형해야 한
다. 만일 반죽이 충분히 부풀지 않고, 발효가 덜 되었다면 "사전 성형
(pre-shape)"을 할 수 있다. 벤치 스크래퍼를 사용해 반죽을 뒤에서부
터 둥글게 만들고 밀가루가 뿌려진 쪽이 위로 오도록 하면서 작업대
표면을 이용해 강도를 높인다. 그런 다음 반죽을 20분간 두는데, 주
방 온도가 낮다면 최대 1시간 둔다.

(나는 보통 사전 성형에 시간을 들이지 않는 편이다. 반죽을 대량으로 작업할 때
사전 성형의 이점은 발효 속도를 늦추고, 반죽이 매우 느슨할 경우 강도를 조금 높
일 수 있으며, 더 쉽게 최종 성형을 할 수 있는 대칭적인 형태를 만들 수 있다는 것
이다. 또한 정확한 무게로 반죽을 계량하는 경우에도 사전 성형이 도움이 된다. 반
죽에 작은 조각이 많다면, 사전 성형 이후 벤치 레스팅*이 조각이 잘 섞이는 데 도
움이 된다. 나는 개인적으로 대량 발효 과정에서 반죽에 더 많은 가스와 공기를 생
성해서, 좀더 느슨하고 간단한 방법으로 성형하는 것을 선호하는 편이다.)

* bench rest: 벤치 타임이라고도 하며, 분할과 둥글리기로 단단
해진 반죽을 잠시 비닐로 덮어두는 과정.

사전 성형을 생략했다면 그다음에 할 일은 벤치 스크래퍼로 반죽 두 조각이 작업대에 달라붙지 않도록 하는 것이다. 그다음 손을 반죽 한쪽 아래에 살며시 넣고 반죽 양쪽을 잡아 중앙을 향해 접은 후 손가락을 사용해 반죽을 위에 다시 접어 넣는다. 위쪽 절반을 내려서 살짝 굴려주는데, 손끝뿐만 아니라 손가락 자체를 사용한다. 엄지손가락을 뻗어서 반죽을 완전히 말아 올려준다. 이는 마치 작은 침낭을 접어 올리는 방법과 비슷하다.

이 과정에서 반죽 안에 불필요한 가루가 남아 있는지 확인하고, 가루를 바른 부분이 항상 바깥쪽에 위치하도록 한다. 또한, 반죽을 말아 올릴 때 접힌 부분에 가루가 남지 않도록 한다. 그렇지 않으면 반죽이 제대로 밀봉되지 않는다. 두 번째 반죽도 동일한 방식으로 성형한다.

그다음, 벤치 스크래퍼와 손을 이용해 덩어리 2개를 들어올려 밀가루를 바른 발효 바구니에 옮겨 넣는데, 이음매 부분이 아래를 향하도록 한다.

이때, 반죽을 넣은 바구니를 다시 따뜻한 곳에 두고 2~4시간 발효시킨다. 이 단계에서는 시간을 확인할 필요는 없고, 반죽의 상태를 지켜본다. 반죽이 처음보다 1.5배로 부풀어 오를 때까지 기다린다. 가볍고 푹신해 보이고, 손가락으로 눌렀을 때 아주 천천히 다시 올라온다면 반죽이 잘 된 것이다.

시간이 충분하지 않다면, 따뜻한 곳에 약 1시간 동안 둔 후 다시 냉장고에 하룻밤 두는 방법이 있다. 그러나 일반적으로 나는 스타터를 사용해 반죽을 만들 때 냉장고를 사용하지는 않는다. 왜냐하면 5℃ 이하의 온도에서는 반죽의 움직임이 너무 둔화되기 때문이다. 대부분의 가정용 냉장고는 온도가 너무 낮다. 상업용 이스트는 추운 온도에서도 잘 발효하지만, 반죽들은 거의 움직을 멈춘다. 또 다른 방법으로, 10℃ 정도의 온도가 유지되는 장소에서 하룻밤 정도 발효시킬 수도 있다.

빵을 굽기 1시간 전 (당일 또는 그 다음날에 베이킹을 하든 상관없이) 더치 오븐은 뚜껑을 덮어 약 260℃에서 1시간가량 예열한다. 한 번에 빵을 2개 구울 수도 있지만, 더치 오븐이 하나만 있다면, 2차 발효된 반죽은 기다렸다가 차례로 굽는다. (아래 참고)

각 더치 오븐 내부 바닥에 유산지를 작게 깔아서 빵이 타지 않도록 한다. 특히 컨벡션 오븐이 아닌 일반 오븐을 사용하는 경우에는 더욱 중요하다. 발효된 반죽을 더치 오븐에 각각 뒤집어 넣는다. (빵에 칼집을 낼 필요가 없도록, 이음매 부분이 위로 오도록 한다.) 화상을 방지하기 위해 손수건이나 오븐 장갑을 사용한다. 뚜껑을 덮고 오븐에 다시 넣는다.

몇 분 후에 온도를 약 238℃로 낮춘다. 20분간 뚜껑을 덮은 채로 빵을 굽는다. 그런 다음 뚜껑을 열고 약 40분 정도 더 굽거나, 원하는 크러스트 색깔이 나올 때까지 굽는다. (나는 캐러멜과 마호가니의 중간 색을 가장 선호한다.)

빵을 꺼내 랙에 옮겨 식히면서 공기가 통할 수 있도록 한다.

너무 뜨거운 빵은 자칫 복통을 유발할 수 있으니 너무 많이 먹지 않는다.

더치 오븐 하나로 베이킹하는 경우, 더치 오븐을 오븐에 다시 넣고 온도를 260℃로 높인다. 약 30분 후에 오븐에서 꺼내 새로운 유산지를 더치 오븐에 깔고 굽는 과정을 반복한다(뚜껑을 덮고, 20분 후에 뚜껑을 열고 온도를 낮추는 과정 등).

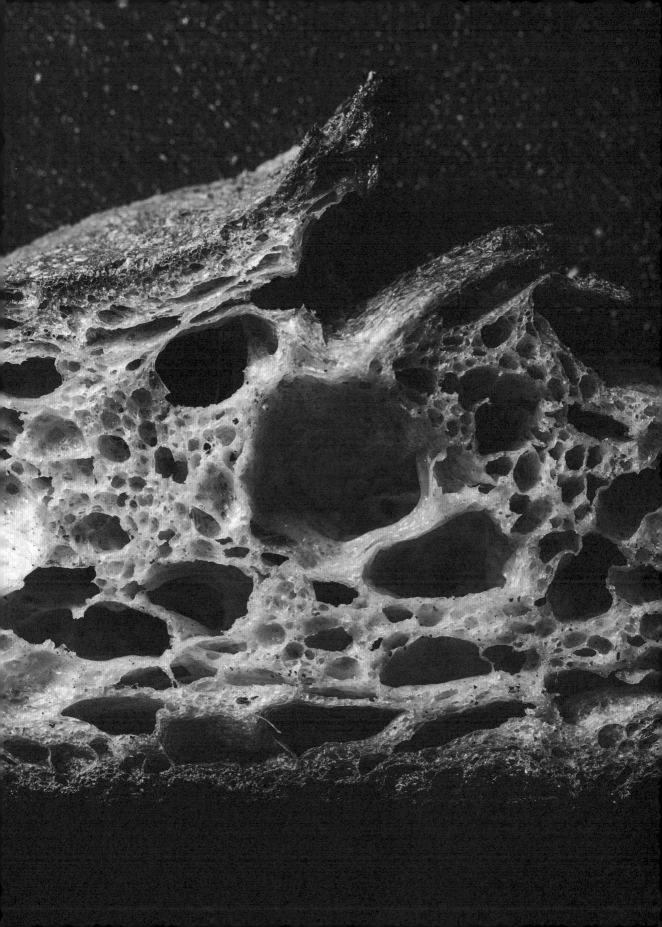

프리젤레

약 32개 분량, 반죽 분할 후 베이킹할 것

프리젤레(freselle, 단수형은 프리젤라 'frisella')는 미국에서는 대중적이지 않은 음식이다. 러스크(rusk)라는 일반 범주에 속하는데 고대 이탈리아 남부의 주식에서 기원했다고 알려져 있다. 프리젤레는 장기간 저장하기 위해 만들어진 빵으로, 잘 만들어지면, 건조하고 단단해서 절대 상하지 않는다.

프리젤레하면 이탈리아 풀리아 지역을 가장 흔히 떠올리지만, 라치오, 카바니아, 칼라브리아, 바질리카타 등지에서도 널리 찾아볼 수 있다. 프리젤레는 아마도 그리스에서 비롯된 것으로 알려져 있고, 이 지역에서는 팍시마디아(paximadia)라고 부르며 오늘날에도 여전히 많은 사람들이 즐겨 먹는다. 프리젤레는 다양한 모양과 스타일로 만들 수 있으며, 종종 종류가 다른 밀가루를 혼합해서 만들기도 한다. 듀럼밀, 밀가루, 호밀, 스펠트, 기타 다른 곡물가루를 혼합해서 다양하게 만들 수 있다. 내가 가장 좋아하는 프리젤레는 통밀가루와 보리를 혼합한 것이다. 과거에는 일반 빵을 만들 때 쓰는 도우를 프리젤레에도 사용함으로써 효율성을 중시했으며, 일부 지역에서는 여전히 이 방식을 고수하고 있다. 하지만 최근에는 더 부드럽고 수분이 많은 반죽으로 만든 빵이 유행하고 있으므로, 프리젤레 전용으로 좀더 딱딱한 반죽을 사용하는 것이 좋다(하지만 효율성은 떨어진다).

프리젤레는 여러 가지 방법으로 즐길 수 있다. 마른 프리젤레의 거친 면을 마늘로 문지른 뒤 차가운 물에 잠시 담가서(또는 수도꼭지 아래에서 빠르게 헹구기) 다시 촉촉하게 만들어, 말린 오레가노와 소금 약간, 그리고 올리브 오일을 뿌려 그대로 먹으면 소박한 간식이 된다. 또는 1/4 또는 1/2 크기로 썬 방울 토마토, 신선한 바질이나 오레가노, 오일, 소금을 토핑으로 얹어 먹을 수도 있다. 케이퍼나 올리브, 고추 약간, 통조림 참치나 앤초비 등을 조금 넣어 더욱 풍부한 맛을 낼 수도 있다. 모차렐라 치즈를 얹어 먹을 수도 있고 응용 방법은 무궁무진하다. 스페인의 판 콘 토마테처럼 익은 토마토를 건조한 프리젤레의 거친 면에 갈아서 얹고 원하는 대로 양념을 올려 즐길 수도 있다.

건조한 프리젤레를 작게 부숴 토마토 샐러드나 다른 샐러드에 넣

고 소스를 흡수시켜 판자넬라처럼 부드럽게 만들 수도 있다. 프리젤레는 여름철에만 국한해서 먹는 음식이 아니다. 모든 콩 종류와 두류*를 넣은 수프에 잘게 부숴서 넣어 먹어도 좋으며, 그릇에 프리젤레를 먼저 넣고 그 위에 클램 수프나 해산물 스튜를 얹어서 먹어도 훌륭한 음식이 된다. 빵이 없는 경우에도 언제나 프리젤레를 즐길 수 있다. 이 레시피에 안내된 재료를 2배 또는 3배로 준비해서 넉넉히 만들어둬도 좋다.

참고: 시작부터 완성하기까지 꼬박 이틀이 걸리므로 개인 일정을 비우고 베이킹을 진행하도록 한다.

조리법

큰 그릇에 물 650g과 밀가루를 넣고 손으로 섞어서 마른 밀가루가 남지 않도록 한다. 반죽이 꽤 단단하기 때문에 어느 정도 힘을 써야 할 수도 있다.

반죽에 뚜껑을 덮고 실온에서 최소 1시간에서 2시간 휴지한다. 그동안 30분마다 반죽을 접어주고, 만약 반죽이 늘어진다고 느껴진다면 다시 한번 접어준다.

반죽 휴지가 끝나고 스타터가 준비되었다면, 스타터를 반죽에 넣어 치댄다. 스타터가 잘 섞인 후에 소금과 나머지 물을 약간 부어 치댄다. 물을 모두 사용할 필요는 없다.

밀가루를 살짝 뿌린 깨끗한 작업대 위에서 최소 10분간 반죽을 치댄다. 반죽이 완전히 매끄럽고 단단해질 때까지 작업한다. 반죽이 너무 딱딱하거나 건조한 느낌이 든다면 남은 물을 필요한 만큼 추가한다. 반죽이 너무 축축해지지 않도록 주의하자.

기름을 바른 직사각형 용기에 넣어, 서늘한 곳에 놓아둔다(약 20~21℃). 용기의 바깥쪽에 반죽의 높이를 표시하는 테이프를 붙여서 부풀어 오르는 상황을 명확하게 관찰할 수 있도록 한다.

재료

차가운 물 … 700g (필요에 따라 양 조절)

맷돌로 간 통밀가루 … 1000g (성형용 별도)

스타터 … 60g

소금 … 25g

용기에 바를 기름

* legumes: 씨를 먹는 콩과의 식물, 또는 그 씨앗이나 꼬투리. 흔히 콩(bean)으로 부른다.

1~2시간 후, 반죽이 최초 부피의 1/3에서 1/2 정도 높이만큼 더 부풀어 오르면(약 16시간 소요) 밀가루를 살짝 뿌려둔 작업대 위에 반죽을 올리고 각각 약 150g씩 되도록 16개로 나눈다. 각 조각을 둥글리고 20~30분 동안 휴지한다. 방의 온도가 낮거나 첫 발효된 반죽의 크기가 1/2보다는 1/3 정도에 가까운 경우에는 좀 더 오래 휴지시킬 수도 있다.

휴지가 끝난 반죽은 공 모양으로 만든 뒤 다시 밀가루를 뿌린 작업대에 올려놓는다. 반죽 위에 밀가루를 뿌리고, 중앙에 손가락으로 구멍을 낸다. 구멍을 조금 더 넓게 벌리고, 작업대 위에서 양손을 사용해 도넛처럼 지름 10~13cm로 모양을 만든다. 도넛 모양의 반죽을 부드럽게 펴고, 밀가루를 뿌린 천이나 나무판 위에 올려놓는다. 나머지 반죽도 같은 과정을 반복한다.

반죽을 좀 더 따뜻한 곳에 두고 원래 부피의 1.5배 부풀어 오르고, 손가락으로 눌렀을 때 천천히 되돌아오는 상태가 될 때까지 기다린다. 이 과정은 몇 시간 소요된다.

오븐을 218℃로 예열한다.

반죽이 준비되었다면 베이킹 팬에 유산지를 깔고 20분 동안 굽는다. 오븐에서 꺼내고 따뜻한 상태에서 와이어나 칼로 프리젤레를 가르면서 분할한다. 칼로 프리젤레를 자르면 표면이 매끄러워지는데, 이는 바람직하지는 않지만 자신에게 편한 방법을 선택하면 된다.

베이킹 팬 여러 개에 유산지를 추가로 깔아둔다. 오븐 온도를 148℃로 낮춘다. 프리젤레를 가른 면을 위로 향하도록 유산지 위에 올려놓고 완전히 건조될 때까지 굽는다. 한쪽 색만 짙어지지 않도록 방향을 돌려가며 굽는다. 이 과정은 약 1시간 소요된다. 프리젤레는 손가락으로 눌렀을 때 쉽게 눌러지지 않고 단단한 느낌이어야 한다. 다 식은 후에는 밀폐용기에 보관한다. 완전히 건조되었다면 장기간 보관할 수 있다.

피자 비앙카

33 × 46cm 시트팬 2개 분량

피자 비앙카 로마나는 포카치아 로마나라고도 불리며, 오늘날 우리가 알고 있는 피자 비앙카는 비교적 현대에 이르러서야 발전된 베이커리 스타일이다. 피자 비앙카는 스파이럴 믹서*, 정밀 전기 데크 오븐, 온도 조절기와 같은 베이커리 기술의 발전과 함께 진화했다. 실제로 이 음식을 집에서 완벽하게 재현하는 것은 꽤 어렵지만, 화덕에 나무 땔깜을 넣어 고온에서 굽는 피자보다는 쉬운 편이다. 이것은 토핑을 얹어서 피자처럼 사용할 수도 있고, 또는 이 책의 많은 레시피에서처럼 빵으로도 사용할 수 있다.

이 레시피와 조리 기법은 내가 가게에서 사용하는 것과는 다르지만, 기본 원리를 충실히 담았기에 과정을 이해하는 데 도움이 될 것이다. 이 레시피와 아이디어는 이탈리아 셰프인 가브리엘레 본치에게 큰 도움을 받았지만, 정확히 동일한 방식을 따르지는 않는다. 피자에 관심이 있어 더 자세히 알고 싶다면, 가브리엘레 본치의 요리책을 추천한다.

몇 가지 제안: 가능한 값싼, 얇은 쿠키 시트나 베이킹 팬을 사용한다. 일반적으로 이러한 제품은 고품질 팬보다 열전도가 좋은 편이다. 전문가들은 전통적으로 얇은 탄소강 또는 블루 스틸 팬을 사용하지만, 이 제품들은 비싸기 때문에 이미 가지고 있는 도구를 활용해 연습해보자.

세몰라 리마치나타** 사용 시 주의사항: 이탈리아에서는 사용 목적과 밀의 특성에 따라 듀럼밀을 다양한 강도와 입자로 분쇄한다. 간단히 설명하면, 세몰라와 좀더 입자가 고운 세몰라 리마치나타(또는 "재분쇄된" 세몰라)로 나눌 수 있다. 미국에서는 "엑스트라 팬시(extra fancy)"라고 표기된 제품이 가장 유사하다. 보통 세몰라 리마치나타보다 입자 크기가 미세하지만, 이 레시피에도 알맞다. 반면에 입자가 훨씬 거친 세몰리나는 사용하지 않도록 한다.

재료

강력분 … 720g (작업대에 뿌려둘 소량의 밀가루 별도)

세몰라 리마치나타 … 80g
　또는 "엑스트라 팬시" 듀럼밀

생 이스트 … 6g
　또는 인스턴트 드라이 이스트 … 2g

찬물 … 600g,
　추가분 … 40g (소금을 녹이거나, 손, 작업대에 뿌릴 용도)

소금 … 20g

올리브 오일 … 24g (팬, 반죽 표면용, 토핑용 별도)

반죽 토핑용 소금

조리법

큰 그릇에 두 밀가루를 넣고 섞는다. 여기에 이스트와 찬물 600g을

* spiral mixer: 나선형 믹서라고도 하며 반죽 전용 믹서.
** semola rimacinata: 입자가 아주 고운 밀가루.

넣는다. 여름에는 얼음을 넣어서 물을 차갑게 한다(단, 밀가루와 섞기 전에 얼음은 꺼내준다). 겨울에는 그냥 사용해도 무방하다.

건조한 밀가루가 남지 않고 이스트가 완전히 섞일 때까지 손으로 치댄다.

랩이나 깨끗한 수건으로 그릇을 덮고 15분간 둔다.

소금과 40g의 물을 추가해 소금이 녹을 수 있도록 손으로 치대며 완전히 섞어준다.

그릇을 다시 덮고 10분간 둔다.

반죽이 손에 달라붙지 않도록 손을 물에 적신 후 반죽을 여러 번 접어준다. 그릇에 반죽을 넣고 매끄러운 면이 위로 오게 한다. 그릇을 덮고, 10분간 기다린다. 이 과정을 2번 더 반복한다.

반죽 접기가 모두 끝나면, 올리브 오일 24g을 중간 크기의 직사각형 용기에 넉넉하게 바른다. 반죽을 용기에 넣고 남은 올리브 오일을 위에 부어준다. 올리브 오일이 반죽 안으로 흡수될 것이다. 용기에 테이프를 붙여서 반죽의 높이를 표시하고, 반죽이 부풀어 오르는 정도를 체크한다. 반죽 용기에 뚜껑을 덮고 냉장고에 넣는다.

1시간 후에 용기를 꺼낸다. 작업대의 깨끗한 표면에 물을 뿌린 후 반죽을 부은 다음 접어서 강도를 올려준다. 다시 용기에 넣어 냉장고에 둔다.

기다리는 동안 일상 생활을 하면 된다. 하루 일과 중 냉장고를 지나갈 때나, 적어도 취침 전에는 반죽 상태를 확인한다. 용기 안에서 반죽이 퍼져서 평평해 보인다면, 꺼내서 반죽 접기를 한 후 다시 용기에 넣어 냉장고에 둔다.

초반에는 반죽을 여러 차례 접는 것이 좋다. 반죽이 장시간의 발효에도 견딜 수 있도록 충분한 강도를 만들어야 하기 때문이다. 반죽이 부풀어 오르고 공기 거품이 생기기 시작하면, 접기 횟수를 줄이고 좀더 부드럽게 접어준다.

다음 날, 반죽을 확인한다. 다시 한번 반죽을 접어 냉장고에 넣는다. 반죽은 냉장고 온도에 따라 2~3일 이내에 2배 크기로 부풀어 오를 것이다. 덜 부풀었거나 반죽을 좀 더 빨리 사용하고 싶다면 냉장고에서 꺼내어 주방 따뜻한 곳에 둬서 반죽이 2배 커지거나 최소한 원래 크기의 1.5배가 될 때까지 기다린다.

반죽이 약 2배로 커지면 작업대 위에 가볍게 밀가루를 뿌린 뒤 반죽을 놓고 반으로 나눈다.

각각의 반죽을 빵을 만들 때처럼 부드럽게 말아서 표면이 매끈하게 되도록 하고, 이음매가 있는 면을 아래를 향하도록 둔 뒤 오일을 살짝 바른 팬에 올려놓는다. 반죽 표면에 오일을 살짝 바르고 랩을 씌워 표면에 막이 형성되는 것을 방지한 후 반죽이 부풀어 오르도록 따뜻한 곳에 둔다.

오븐 가장 아래에 피자 스톤을 올리고 최소한 1시간 동안 최대 온도로 예열해둔다. 반죽이 2배로 부풀어 오르면(온도에 따라 약 4~6시간 소요. 시간을 체크하는 대신 반죽 상태를 육안으로 확인할 것), 부드럽게 반죽을 팬에 눌러가며 펼쳐주고, 손가락으로 꾹꾹 눌러서 오븐에서 지나치게 부풀어 오르지 않도록 한다. 이 과정에서 반죽 안의 기포는 제거하는 것이 아니고, 반죽 전체에 고르게 퍼지게 하는 것이 핵심이다.

올리브 오일을 두른 후 소금도 살짝 뿌려준다. 오븐 안, 달궈진 피자 스톤 위에 팬을 올려두고 약 15~20분간 황금빛 색상으로 바삭해질 때까지 굽는다. 바닥 부분의 색이 너무 빨리 변한다면 오븐 상단으로 올려서 베이킹을 마무리한다.

피자

나는 피자 비앙카를 빵으로 자주 사용하지만, 피자를 만드는 재료로 활용할 수도 있다.

거의 모든 미국인이 피자에 관해서라면 마치 여섯 살짜리 어린아이처럼 비판적인 능력을 모두 잃은 듯한 모습을 보이거나, 때로는 무례한 태도를 보이는 것이 불편하다. 아마도 이는 피자가 길거리 음식이었던 전통을 따랐고, 치즈를 듬뿍 뿌려서 먹는 습관도 그런 태도에 영향을 준 것 같다. 하지만 훌륭한 피자의 본질은 그 속에 담긴 빵이다. 그런데 미국 문화에서는 이 부분을 크게 중시하지 않는다. 다음 장에서 이에 대해 좀더 자세히 알아보도록 하겠다.

파프리카 피자

이 파프리카 피자는 피자 만들기가 처음이라면 더할 나위 없이 좋은 레시피다. 이 레시피는 마크 비트먼이 브레드 앤 솔트와 관련해서 최근 〈뉴욕 타임스〉에 기고한 칼럼에서도 소개되었다. 이 레시피를 따라 클래식한 로쏘, 마르게리타, 볶은 가지를 넣은 피자, 그리고 호박과 세이지 퓨레를 올린 피자 등 다양하게 만들었다. 여러분은 자유롭게 다양한 변화들을 직접 시도해볼 수 있다. 그러나 일반적으로는 피자에 토핑을 올리기 전에 미리 양념을 하고 준비해두는 것이 좋다.

재료

파프리카 … 5개

올리브 오일 … 약 30g (팬에 바를 오일과 드리즐용 별도)

소금 … 1/2 작은술

피자 비앙카 반죽 레시피 (59쪽 참조)

더스팅용 밀가루

생 모차렐라 … 약 225~230g (잘게 찢은 것)

생 로즈마리 잎 … 1큰술 (다진 것)

조리법

피자 스톤을 사용한다면, 오븐 가장 아래 선반이나 바닥에 놓고 오븐을 260℃로 예열한다. 최소한 30분 이상, 가능하면 더 오래 예열한다.

파프리카는 얇게 썰어 가운데 씨가 있는 부분을 제거한 후, 엑스트라 버진 올리브 오일 2큰술과 소금을 함께 넣고, 중불에서 부드러워질 때까지 약 15~20분 동안 자주 저어가며 볶는다.

33×46cm 팬에 올리브 오일을 살짝 두르고 마른 키친타월로 팬을 닦아준다. 오일을 너무 많이 두르지 않도록 주의해야 한다. 밀가루를 뿌린 작업대에 위에 반죽을 뒤집어 놓고 부드럽게 눌러서 두께가 약 1.5~2cm인 직사각형 모양으로 만들어준다. 한쪽 팔뚝을 반죽 위에 올리고, 다른 한 손을 이용해 밀가루가 발라진 면이 위로 오게끔 뒤집어 팬에 넣는다. 팬 위에서 반죽을 다시 한번 가볍게 눌러 펼친다.

토핑(볶은 파프리카, 모차렐라, 로즈마리, 흑후추)을 반죽 위에 고르게 펼치고, 오일을 충분히 뿌린 뒤 피자 스톤에서(오븐 바닥 또는 가장 아래 랙에 바로 놓고) 5분 동안 굽는다. 피자를 오븐의 중간 랙으로 옮겨 10~15분간 더 굽거나, 피자 표면이 금빛 갈색이 될 때까지 계속 굽는다.

벤치 스크래퍼 또는 메탈 스파츌라를 피자 아래에 넣고 팬에서 떼어낸다. 이 과정은 어느 정도의 확신과 팔의 힘이 필요하다. 피자를 도마 위에 밀어놓고, 셰프 나이프, 주방 가위 또는 피자 커터를 사용해 알맞은 조각으로 자른다. 즉시 먹거나, 실온에서 먹거나, 다시 데워서 먹는다.

응용 레시피

로쏘(Rosso) 최상급 토마토 통조림을 체에 밭쳐 물기를 제거한 후 으깬다. 그 위에 이탈리아산 말린 오레가노, 올리브 오일, 소금을 뿌리고 굽는다.

마르게리타 최상급 토마토 통조림을 체에 밭쳐 물기를 제거한 후 으깬다. 그 위에 모차렐라, 바질, 올리브 오일, 소금을 얹고 굽는다.

가지 튀김 최상급 토마토 통조림을 체에 밭쳐 물기를 제거한 후 으깬다. 빵가루를 묻혀서 튀긴 가지와 방울 토마토, 크루통을 함께 올린다.

스쿼시 피자 구운 겨울 호박 퓨레를 올려 베이킹하고, 말린 허브, 올리브 오일, 레몬즙 조금, 소금을 얹는다.

피자 도우를 그대로 활용해 샌드위치로 먹을 수도 있다.

여러분이 당장 필요한 만큼만 빵을 잘라 먹는 것은 정말 잘한 결정이다. 미국인들은 대개 잘라진 빵을 구입하는 경향이 있는데, 이것은 바람직한 선택이 아니다. 왜냐하면 빵이 쉽게 상하기 때문이다. 게다가 대부분의 빵은 허술한 비닐 봉지에 포장되어 있는데, 이러한 봉지는 습기를 가두는 역할을 하기 때문에, 곰팡이의 영향을 받기 쉽고 빵을 오래 보존하는 크러스트 본래의 목적을 해치게 된다.

　다음에는 아보카도 샌드위치를 비롯한 다양한 토스트 레시피를 준비했다. 어떤 것은 여러분이 처음 접해보는 맛일 수도 있다. 또한 변형된 다양한 레시피도 포함되어 있다. 나는 음식에 대한 신념이 강한 편이지만, 좋은 샌드위치를 찾기가 정말 어렵기 때문에, 여러분과 함께 많은 이야기를 나눠보고자 한다.

리코타 앤 허니 토스트

1인분 분량

리코타 앤 허니는 약간 독특한 조합이지만, 개인적으로 상당히 의미 있는 레시피다. 브레드 앤 솔트를 처음 열었을 때, 유기농 헤리티지 밀로 만든 천연 발효 빵 1kg을 11달러에 판매했는데, 잘 팔리지 않았다. 하지만 전날 팔지 못하고 남은 동일한 빵을 작게 조각 내어 구운 뒤 토핑을 얹어서 1조각에 6달러에 판매하자 날개 달린 듯 팔려 나갔다.

리코타 치즈와 꿀을 얹은 토스트 덕분에 내 베이커리는 처음으로 〈T: The New York Times Style Magazine〉에 소개되어 전국적으로 인지도를 올리게 되었다. 그 후로는 메뉴에 다른 것이 무엇이 있든 상관없이, 문을 들어오는 사람들이 항상 리코타 앤 허니 토스트를 주문하려 했다. 발효 버터와 보타르가를 바른 토스트? 아니요. 스트라치아텔라 치즈에 블러드 오렌지와 민트? 아니요. 야생 서비스베리 잼? 물론 그런 일은 없었다. 사람들은 항상 리코타 앤 허니 토스트를 주문했는데, 나는 이런 상황이 정말 싫었다. 그러나 리코타 치즈와 꿀은 고전적이고 거의 마법과 같은 조합으로, 믿을 수 없을 만큼 맛이 있다. 나는 좋은 리코타 치즈가 생기면 요즘도 아침식사로 이 메뉴를 만들어 먹는다.

이 레시피에 가장 어울리는 꿀은 색이 짙고, 약성에 가까운 효능이 있으며 끝맛이 쌉싸름한 꿀이다. 나는 주로 인근 지역에서 생산된 메밀꿀을 사용한다.

조리법

중불로 팬을 가열한 뒤 올리브 오일을 두르고 빵 1조각을 넣는다. 그 위에 베이컨 프레스 또는 이와 비슷한 무거운 물건을 올려서 아래 부분이 팬에 완전히 밀착되도록 한다. 한 번씩 뒤집어가며 취향에 맞게 굽는다. 완성된 토스트는 접시에 옮긴다.

토스트 위에 리코타 치즈를 넉넉히 올린다. 소금과 후추를 살짝 약하게 뿌린다. 마지막으로 그 위에 꿀을 뿌린다.

재료

올리브 오일

두툼한 화이트 천연 발효빵 (1~3일 된 것)

최상급 생 리코타 치즈

소금

굵게 간 흑후추

메밀꿀처럼 색상이 짙은 꿀

리코타 치즈에 대해 알아보자!

'리코타'에는 "재조리된"이라는 사전적 의미가 있다. 리코타는 다른 치즈 제조 과정에서 남은 유청으로 만든다. 진짜 리코타 치즈는 매우 깔끔하고 우유의 풍미를 그대로 가지고 있다. 최상급 리코타에서는 동물들이 먹은 음식들과 계절에 따라 바뀌는 미세한 풀향을 느낄 수 있고, 질감이 가볍고 부드러우며 결코 탱글거리거나 껍질처럼 딱딱하게 굳지 않는다. 미국에서 판매되는 리코타 치즈는 대개 품질이 좋지 않은데, 전지우유 리코타 치즈나 저지방 리코타 치즈는 본질적으로 발효된 응고 우유를 의미하며, 종종 안정제나 보존제가 첨가된 상태로 포장된다. 이탈리아 남부에서 치즈 제조사들이 만든 리코타 디 페코라*는 이와 대조적이다. 사람들은 가급적 신선하고 따뜻한 상태의 치즈를 살 수 있다. 이렇게 좋은 재료를 사용하면 훌륭한 리코타 앤 허니 토스트를 만들 수 있을 것이다.

또 다른 방법은 집에서 가까운 곳의 치즈 제조업체가 만든 리코타 치즈를 구입하는 것이다(젖소, 양 또는 염소에서 얻은 우유 모두 좋은 리코타 치즈 재료다). 그들이 어떻게 리코타 치즈를 만드는지 물어보자. 전통적인 방식으로 만든 최상급 리코타 치즈를 찾을 수 없다면, 이 토스트를 굳이 만들기보다는 차라리 다른 음식을 고려하는 것이 현명하다.

* ricotta di pecora: 양 젖으로 만든 리코타 치즈.

프렌치 토스트

재료

말린 러스틱 빵 ⋯ 1인당 2조각, 두께 4cm (본문 참고)

달걀 ⋯ 1개

우유 ⋯ 토스트 1조각당 120mL,
　　또는 우유 60mL와 생크림 60mL

소금 ⋯ 한 꼬집

설탕 ⋯ 한 꼬집, 바닐라 추출물 또는 오렌지 꽃물 조금,
　　또는 꿀 약간 (달콤한 프렌치 토스트용) (선택사항)

무염 버터 (팬에 바르는 용도)

가염 버터 조각 또는 따뜻한 꿀, 잼, 메이플 시럽 (서빙용)

인원수에 맞춰서 조리

프랑스에서는 프렌치 토스트를 "펭 페르뒤"*라고 부르는데, '잃어버린 빵, 또는 못먹는 빵'을 뜻한다. 이 음식은 묵은 빵을 달걀과 우유에 담가 다시 먹을 수 있게 조리를 하는 것으로, 남은 빵을 버리지 않고 활용해 먹을 수 있는 좋은 방법이다. 이와 비슷한 레시피는 고대 국가들도 널리 활용했는데, 4~5세기에 쓰인 로마의 유명한 레시피 책 『Apicius(아피시우스)』에 언급되어 있다.

내가 토스트를 별로 좋아하지 않는 이유는 축축한 질감 때문이다. 하지만 오래된 빵을 사용하면 이 문제가 해결되고 최고의 프렌치 토스트를 만들 수 있다. 빵이 더 건조할수록 고유의 질감은 유지하면서 달걀물을 더 많이 흡수할 수 있다.

최상의 프렌치 토스트를 만들기 위해서는 어느 정도 사전 계획이 필요하다. 1주일 안에 프렌치 토스트를 만들 계획이라면, 최소 2~3일 전에는 러스틱 빵(한 사람당 2조각 분량 준비)을 약 4cm 두께로 잘라둔다. 품질 좋은(자연 발효되고 수분 함량이 높은 빵) 2~3일 지난 빵으로 만드는 것이 좋다(더 오래된 빵은 칼날이 좋은 빵칼로도 자르기 어려울 수 있다). 그리고 빵을 달걀물에 넣고 냉장고에서 하룻밤 눠둬야 하기 때문에, 이를 고려해서 필요한 시간을 가늠해야 한다.

나는 빵 조각들을 보통 작업대나 빵판에 올려두는 편이다. 만일 해충이 염려된다면 잘라둔 빵을 찬장이나 다른 건조한 밀봉되는 공간에 놓아두면 된다. 하루에 한 번씩은 빵의 건조 상태와 단단하게 굳어가는 정도를 확인하고 뒤집어준다. 순환되는 공기에 크럼을 최대한 노출시키기 위해 크러스트를 바닥에 똑바로 둔다.

조리법

사용할 빵을 전부 넉넉하게 담을 수 있을 정도로 충분히 크고 얕은 베이킹 접시에 말린 빵을 깔아 달걀과 우유가 모두 잘 흡수될 수 있도록 한다.

빵 1조각당 달걀 1개를 믹싱 그릇에 깨서 넣고 완전히 풀어준다. 달

* pain perdu, 프랑스에서 하루 이상 지나서 딱딱하게 마른 빵을 의미.

갈 1개당 우유 120mL를 넣어 휘젓는다. 소금 한꼬집을 넣고 스위트 프렌치 토스트의 경우 설탕 한꼬집, 바닐라 추출물 또는 오렌지 꽃물 또는 꿀을 조금씩 넣어준다.

빵 위에 달걀물을 붓는다. 빵이 완전히 잠기지 않을 수도 있다. 빵을 뒤집으며 고루 적신다. 베이킹 접시에 랩을 씌운 후 8~12시간 또는 하룻밤가량 냉장고에 둔다. 중간에 빵을 뒤집어서 골고루 배도록 한다. 빵은 부드럽지만 흐트러지지 않는 상태를 유지해야 한다.

프라이팬(또는 그리들*)을 중강불로 예열한다. 빵 조각이 다 닿을 수 있을 정도로 충분히 큰 프라이팬을 사용한다. 무염 버터 한 조각을 넣고 거품이 사라질 때까지 녹인다. 미리 준비한 빵 조각을 프라이팬에 조심스럽게 올려놓고 중불로 줄인다. 남은 달걀물을 빵 조각 위로 부어준다. 이때 넘치지 않도록 주의한다.

몇 분간 익히며, 빵 조각 코너를 살짝 들춰서 갈색으로 바뀌고 있는지 확인한다. (개인적으로 보기좋은 금빛 갈색이 좋지만, 달걀이 자칫 너무 익으면 맛이 크게 떨어지기 때문에 너무 어둡게 변하지는 않도록 한다.) 색상이 적당하게 나왔다면, 빵을 뒤집어서 반대쪽 면도 갈색으로 익힌다. 온도를 체크하며 필요에 따라 조절한다. 프렌치 토스트의 표면이 보기 좋은 갈색으로 변하고, 내부가 적절히 익은 상태면 완성된 것이다. 직접적인 열 때문에 타는 것이 염려된다면 토스트를 뒤집은 후에 190℃로 예열한 오븐에 프라이팬을 넣을 수도 있다. 요리하는 프렌치 토스트 조각 수에 맞게 필요한 만큼 반복한다.

완성된 상태 그대로 먹거나 무염 버터, 따뜻한 꿀, 잼 또는 메이플 시럽을 올려서 먹어도 좋다.

* griddle: 원형, 사각 등의 테두리가 없거나 매우 낮은 철판. 지짐이나 구이를 할 때 주로 사용.

빵, 버터, 앤초비

이 재료는 이미 널리 알려진 클래식한 조합으로, 애피타이저, 간식, 식사 메뉴로 훌륭하다. 가능한 한 최상급 버터를 사용하는 게 좋으며 발효된 가염 버터라면 아주 좋은 선택이다. 갓 구운 신선한 빵을 사용한다면 실온 상태인 부드러운 버터를 사용하자. 며칠 지난 빵을 사용한다면, 먼저 빵을 굽는다. 차가운 버터를 원하는 만큼 잘라서 빵 위에 올려놓으면 버터가 약간 녹아 들어간다. 그러고 나서 빵 크기와 소금 함량, 배고픈 정도를 고려해 깨끗한 앤초비 살코기를 2~3개 정도 올린다. 후추나 레몬 제스트를 소량 올릴 수도 있지만 꼭 필요하지는 않는다.

빵, 버터, 보타르가

이 레시피는 이전 레시피와 동일하다. 짭짤하고 바다향이 나는 생선과 풍부하고 부드러운 풍미를 자랑하는 버터가 빵 위에서 조화롭게 어우러지며 입안에 전달된다. 보타르가는 숭어 또는 참치알을 염장시켜 압축해서 만든 음식이다. 보타르가는 지중해 전역에 걸쳐 널리 생산되며(최근에는 플로리다에서도 생산되기 시작했다), 그 기원은 고대로 거슬러 올라간다. 껍질이 있는 경우 벗겨낸 뒤 버터 바른 빵 또는 토스트 위에 갈아서 뿌리거나 매우 얇게 올린다. 레몬즙 한방울 또는 레몬 제스트를 살짝 얹으면 풍미가 한층 올라간다.

빵, 초콜릿

이 레시피는 너무 간단해서 책에 소개할 정도는 아니라고 생각할 수도 있다. 하지만 당신이 마지막으로 정말 좋은 빵에 좋은 초콜릿을 얹어서 먹어본 적이 언제인지 기억나는가? 사실 이 레시피에는 정해진 방법이 없다. 그저 좋은 초콜릿을 잘 구워진 좋은 빵에 올려서 먹으면 된다. 먹기 전에 먼저 빵에 버터를 바를 수도 있다. 또는 빵을 구워서 그 위에 초콜릿을 갈아 올려 초콜릿을 살짝 녹여 먹을 수도 있다. 향이 강한 올리브 오일을 위에 두르고 소금을 살짝 뿌릴 수도 있다. 혹은 빵 위에 초콜릿을 여러 개 올려서 브로일러 또는 토스터 오븐에 1분간 넣어 초콜릿을 녹여 먹을 수도 있다. 이렇게 다양한 방법으로 빵과 초콜릿의 조합을 즐겨보자.

바칼라 만테카토
: 염장 대구살 휘핑 요리

4인분 이상, 스타터* 또는 가벼운 앙트레**

이 염장 대구살 요리는 이탈리아 베니스 지역과 밀접한 관련이 있다. 보통 그릴에 굽거나 튀긴 폴렌타*** 위에 올리지만, 빵을 사용하는 것이 일반적이며, 개인적으로도 선호하는 방식이다. "브랑다드"****라는 좀더 대중적인 프랑스 요리와도 관련 있는데, 이 레시피에서는 좀더 가벼운 맛을 내기 위해 유제품을 생략하고 마늘도 덜 사용한다. 염장 대구 본연의 맛과 사용하는 올리브 오일의 품질을 오롯이 즐길 수 있기를 바란다.

대구는 요리 며칠 전에 미리 잘 드는 부엌 가위나 칼을 이용해서 얇고 늘어진 부분을 잘라내고 남은 껍질을 벗겨낸다. 두꺼운 등살 부위는 다른 요리에 사용한다. 포를 뜬 얇은 부위를 커다란 용기에 담고 물을 채워 냉장고에 넣는다. 2~3일간 이렇게 물에 담가 놓는데 매일 최소 한 번은 물을 교체한다.

재료

물에 불린 염장 대구 … 300g (얇게 자른 것)

월계수 잎 … 2~3장

통 흑후추 … 한 줌

작은 감자 … 1개 (껍질 벗긴 것, 러셋 또는 유콘 골드, 왁싱 처리하지
않은 것)

마늘 … 1~2쪽 (다진 것)

올리브 오일 … 125~175mL

빵 … 필요한 분량만큼 (구운 것)

소금 … 필요한 만큼

금방 간 흑후추 (선택사항)

조리법

물에 불린 염장 대구를 4~5조각으로 자른다. 깊이가 얕고 넓은 팬에 월계수 잎과 (맛에 따라) 통 흑후추를 넣고 찬물을 부은 다음 끓인다. 끓어오르면 즉시 약한불로 줄이고 뭉근히 끓인다 .

쉽게 살이 부숴질 정도로만 몇 분간 살짝 끓인다. 단, 염장 대구는 장시간 조리하면 질겨지므로 너무 오래 끓이지 않도록 주의한다. 끓는 물에서 생선살을 건져내고(후추와 월계수 잎은 팬에 그대로 둔 채 물을 따로 보관한다), 패들을 부착시킨 스탠드 믹서 그릇에 넣는다.

찐감자를 넣고(감자를 사용하는 경우), 다진 마늘을 넣는다(맛에 따라). 저속으로 믹서기를 가동해 생선살을 잘게 부숴 섞는다. 이때, 마요네즈를 만드는 것처럼 믹서기를 가동한 채로 올리브 오일을 천천히 조금씩 넣는다. 계속해서 오일을 넣으면서 믹서기의 속도를 살짝 높인다. 준비해둔 오일을 전부 쓰지 않을 수도 있다. 혼합물이 너무 되면 끓

---

* 애피타이저, 일반적으로 식사의 첫 번째 코스.
** 식사 전 제공되는 요리. 미국에서는 메인 코스의 일부이고, 유럽 등지에서는 애피타이저의 의미.
*** polenta: 옥수수가루를 쑤어 만든 이탈리아 음식.
**** brandate: 염장 대구를 크림, 감자와 함께 익혀 먹는 프랑스 가정식.

인 물을 넣어서 조금 묽게 만들어준다. 생선살의 질감을 유지하면서 가볍게 부드럽게 퍼지는 정도의 농도를 찾아야 한다. 오일은 생선살과 완벽하게 섞여야 하며, 너무 묽거나 되지 않도록 한다. (감자가 농도를 조절하는 데 도움이 된다.) 소금이 필요한지 간을 확인해서 필요한 경우 약간 추가한다. 이렇게 해서 약 2컵 분량을 만들 수 있다.

참보타

2인분 분량

참보타(ciambotta)는 이탈리아 남부의 대표적인 가정식으로 여름 채소를 활용한 스튜다. 요리법이 다양하고 정해진 방식이 없기에 취향에 맞게 레시피를 변형하거나 활용 가능한 식재료를 사용해 만든다. 그렇지만 좀더 맛있게 만들기 위해서는 지나친 변형은 자제하는 것이 좋다.

가장 좋은 요리법은 천천히 만드는 것이다. 약 3~4시간 정도 저온으로 조리하는 것이 핵심이다. 그래서 아침 일찍 요리를 시작하는 것이 좋은데, 먹기 직전에 미리 만들어둔 음식을 데우거나, 음식 맛이 가장 잘 어우러졌을 때 실온에서 먹는 것을 추천한다. 냄비에 눌러붙지 않을 정도로만 저어주면 된다. 저온에서 조리하고 품질 좋은 올리브 오일과 알맞은 조리 용기를 사용하는 것이 좋다. 금속 냄비(가급적 법랑 코팅 무쇠 냄비)로 요리해도 좋고, 채소를 잘게 썰면 조리 시간이 단축된다. 물론 나에게 맞는 방식으로 조리하면 된다. 그렇지만 부드럽게 조리할수록, 더욱 풍부한 맛을 느낄 수 있다.

채소 다듬기: 나는 채소를 제법 크게 써는데, 장시간 조리해도 모양이 무너지지 않으면서 부드러운 식감을 유지할 수 있기 때문이다. 단, 재료가 부드러워져도 계속 매끄러운 질감과 형태를 어느 정도 유지하는 것이 좋다. 이 레시피는 추가로 물을 넣지 않고, 채소에서 나온 물로 익힌다. 또한 조리 과정에서 가볍게 소금을 여러 번 넣는데, 이렇게 하면 맛이 더욱 깊어지면서, 조리된 후 모든 재료들에 소금이 너무 농축되는 것을 방지할 수 있다.

일부 요리사들은 조리 마지막 단계에 올리브나 케이퍼를 추가하기도 하지만, 개인적으로 좋은 여름 제철 식재료 본연의 맛을 살리는 것을 선호한다. 참보타 위에 반숙란 또는 달걀 프라이를 올리거나 화려함을 더하고자 치즈를 갈아 올릴 수도 있다. 하지만 그 어떤 조리법을 선택하든지, 이 요리는 좋은 빵이 있어야 비로소 완성된다.

재료

적양파 중간 크기 … 2개 (약 5mm 두께로 위에서 아래로 썬 것)

마늘 … 1쪽 (반으로 썬 것)

올리브 오일

소금

노란색 감자 작은 것 … 4~5개 (예: 유콘 골드)

가지 중간 크기 … 1개,
또는 작은 것 … 2개

껍질이 얇은 파프리카 … 3~4개,
또는 불가피한 경우 피망

완숙 토마토 … 2개,
또는 통조림 토마토 … 3~4개

주키니 작은 것 … 2개

스트라뚜 … 소량,
또는 토마토 퓨레

생바질 잎 … 몇 장

금방 간 흑후추

두껍게 자른 빵 (서빙용)

조리법

커다란 냄비에 양파와 마늘을 넣고 섞는다. 오일과 소금을 약간 넣고

골고루 섞은 후 낮은 불에서 뚜껑을 덮고 가열한다. 냄비가 따뜻해지면 양파와 마늘이 익기 시작하는데, 이때 감자, 가지, 파프리카, 토마토, 주키니를 준비한다. 3~4분마다 양파와 마늘을 저어준다.

감자는 씻어 껍질을 벗긴 뒤 약 2.5cm 두께의 웨지감자 형태로 썬후 찬물에 담가둔다. 가지는 큼직하게 자르고, 작업하는 동안 소금을 넣은 산성수에 담가둔다. 파프리카는 줄기와 씨를 제거하고 필요에 따라 길게 자른다. 스트라뚜는 작은 그릇에 약간의 물과 섞어 희석한다(토마토 퓨레를 사용한다면 이 단계는 생략한다).

냄비에 물을 끓이고, 큰 그릇에는 물과 얼음을 채운다. 토마토 밑부분에 X자 모양의 칼집을 살짝 내어, 끓는 물에 1~2분간 담근 뒤 얼음물로 옮긴다. 건져서 부드러워진 껍질을 제거한다. 토마토를 반으로 자르고, 심지와 씨를 제거한다. (통조림 토마토를 사용하는 경우 이 단계를 생략한다.) 주키니를 약 5mm 두께로 썬다.

양파와 마늘은 약 20분 정도 익히면 부드러워지고 달콤한 향이 난다. 이때 묽게 희석시킨 스트라뚜(토마토 퓨레를 사용한다면 좀더 기다린다)를 넣고 잘 섞어준다. 뚜껑을 덮은 후 약 5분 더 익힌다.

감자와 가지를 건져 냄비에 넣고 가볍게 소금을 뿌린 뒤 섞어준다. 뚜껑을 덮고 자주 저어주지 않고 익힌다.

감자가 일부 익으면(환경에 따라 20분에서 30분 이상 소요) 파프리카를 넣는다. (토마토 퓨레를 사용한다면 이때 넣어준다.) 잘 섞어서 소금을 조금 뿌린 뒤 뚜껑을 덮고 약 20분간 더 익힌다.

토마토와 주키니를 넣은 뒤 소금을 살짝 뿌린다. 가볍게 저어주고 뚜껑을 덮어서 다시 30분 정도 둔다. 주키니가 부드러워지고 감자가 익으면 불을 끈다. 바질 잎을 찢어서 얹고 후추를 넉넉히 넣어 간을 한다. 올리브 오일을 살짝 뿌려 마무리한다. 얇은 그릇에 그릴에서 구운 두툼한 빵 조각을 얹고, 그 위에 담는다.

에그 인 퍼거토리

2인분 분량

토마토 소스에 삶은 달걀을 넣은 레시피는 토마토를 사용하는 음식 문화권에서 거의 항상 등장한다. 이렇게 요리한 달걀을 빵 없이 먹을 수는 없다. 며칠 된 빵을 구워서 먹는 것이 일반적인 방법이다. 구우면 소스가 빵에 골고루 흡수되기 때문에 달걀을 충분히 묻힐 수 있다.

조리법

마늘을 얇게 썰어준다. 페퍼의 꼭지와 씨를 제거한 후 잘게 다진다. 프라이팬의 바닥이 덮일 정도로 올리브 오일을 붓고 마늘을 넣은 뒤, 중약불로 가열한다.

마늘이 지글거리는 소리가 나기 시작하면, 페퍼와 통조림 토마토즙을 소량 추가한다. 손으로 토마토를 으깨서 프라이팬에 넣고, 소금으로 간을 한다.

불을 중불로 놓고, 6~8분 동안 가끔씩 저어주며 끓인다. 살짝 걸쭉하게 큰 조각은 없는 상태로 졸인다. 국자로 표면에 오목한 곳을 2군데 만든다. 작은 그릇에 달걀 1개를 깨서 담고, 오목한 곳 1군데에 달걀을 넣는다. 나머지도 같은 방법으로 달걀을 넣어준다. 달걀 위에 소금을 조금 뿌리고 불을 살짝 낮춰 2~3분간 익힌다. 취향에 따라 시간을 조절해 익힌다. 이 단계에서 프라이팬에 뚜껑을 덮어도 된다.

달걀을 익히는 동안 다른 팬을 중강불로 달군다. 팬에 오일을 얇게 바른 후 빵을 양면으로 튀기거나 굽는다.

구운 빵을 얕은 그릇에 담는다. 달걀이 익으면 빵 위에 숟가락으로 올리는데, 이때 달걀이 흔들리지 않게 주의한다. 페코리노 치즈를 얇게 썰어 올린다.

재료

마늘 … 1쪽

핫 레드 칠리 페퍼 작은 것 … 1개 (말린 것, 신선한 것, 또는 오일에 담긴 것 중 선택)

올리브 오일

이탈리안 토마토 통조림 … 약 800g (즙 포함)

소금

달걀 … 2개

러스틱 빵 … 1조각 (2.5~4cm로 자른 것) (며칠 지난 빵)

숙성 페코리노 치즈 (치즈 칼로 얇게 썬 것)

조개를 활용한 프리젤레, 또는 토스트

2인분 분량

조개 30~40개와 러스크 빵이나 프리젤레 또는 오래된 빵을 준비한다. 조개를 깨끗이 씻고 모래를 모두 제거한다. 냄비에 조개를 넣고 약 10분간 쪄준다. 입을 벌린 조개는 사용하고, 벌리지 않은 조개는 버린다.

조개의 절반은 조갯살을 꺼내 잘게 다진다. 별도의 팬에 약간의 마늘과 말린 칠리 페퍼를 넣은 뒤 올리브 오일을 두르고, 불에 올린다. 마늘이 지글거리기 시작하면 화이트 와인을 조금 넣는다. (조개를 찌는 과정에서 남은 국물을 활용할 수도 있는데, 체에 걸러서 사용해야 하고, 매우 짠 편이므로 요리가 더 짜질 것을 명심하자.) 그런 다음 토마토를 넣어준다. 방울 토마토나 작은 토마토 종류지만 너무 많이 넣지는 않는다. 약 10분 정도 더 익힌다. 그런 다음 다진 조갯살과 남은 조개를 모두 넣어준다. 불을 끄고 신선한 파슬리를 넣는다. 프리젤레 또는 말린 빵 조각 위에 둘러서 국물을 흡수시킨 뒤 바로 먹는다.

빵이나 토스트를 곁들인 로스트 치킨

2~4인분 분량

아마도 저녁 식사로 로스트 치킨 요리를 할 때 가장 큰 매력은 팬 바닥에 남은 육즙과 기름을 빵에 찍어 먹는 게 아닐까? 나는 이게 닭고기보다 더 맛있는 것 같다.

이 레시피는 그 아이디어를 응용한 것으로 손님들과 함께 나눠 먹을 수 있는 올인원 요리로 만들었다. 당신이 부엌에서 혼자 빵에 닭 육즙을 찍어 먹지 않고, 다른 음식이 테이블에 나가기 전에 모두와 함께 즐길 수 있다.

빵과 함께 닭을 구워먹는 요리는 다양하게 있다. 이 레시피에서는 내가 좋아하는 마르셀라 하잔*의 레몬 로스트 닭 레시피를 사용했다. 갓구운 신선한 빵을 사용해도 되지만 2~3일 지난 빵이 더 좋을 수도 있다. 그린 샐러드와 함께 상을 차린다.

재료

닭 … 약 1.8kg (내장 제거한 것)

소금

굵게 간 흑후추

레몬 작은 것 … 2개 (가능하면 왁스처리 하지 않은 유기농)

올리브 오일

러스틱 빵 … 4~6조각 (2.5~4cm로 자른 것)

조리법

오븐의 상단 세트에 랙을 배치하고, 약 177℃로 예열한다.

닭의 내외부를 깨끗이 씻어준다. 깨끗한 주방 수건이나 키친타월로 물기를 완전히 제거한다. 마르셀라는 모든 지방을 완전히 제거하라고 조언하지만, 나는 그렇게 하지 않는다. 빵 위에 지방 부분이 녹는 것이 좋기 때문이다.

손으로 소금과 후추를 닭 내외부에 넉넉히 뿌려주고 손으로 문질러 주어 간이 배도록 한다.

레몬을 씻은 후, 적당히 누르면서 작업대 위에서 굴려 레몬즙이 나오도록 한 다음, 포크로 레몬 전체를 찔러준다. 그런 다음 레몬을 닭의 몸통 안에 넣는다.

로스팅 팬의 바닥에 오일을 잘 바르고, 빵 조각들을 바닥에 평평하

* Marcella Hazan: 영미 지역에서 대중적인 이탈리아 요리작가.

87

SLICES

게 놓는다. 팬에 약 5mm 높이 정도 물을 부어 빵이 너무 빨리 구워지는 것을 방지한다. 로스팅 랙을 빵 위에 놓고 닭을 랙 위에 가슴 쪽을 아래로 향하도록 올려놓는다. 상단 랙에 있는 닭을 30분간 굽는다. 로스팅 팬을 오븐에서 꺼낸다. 닭을 올려놓은 랙을 빼서 모든 빵조각들을 뒤집는다(균일하게 구워지도록). 그리고 랙을 다시 팬에 올려놓는다. 깨끗한 수건으로 닭을 잡고 가슴 쪽이 위로 향하도록 랙 위에서 뒤집는다. 팬을 다시 오븐에 넣고 추가로 30분 동안 구워준다.

오븐 온도를 약 204℃로 올려서 20분 정도 더 굽는다. 또는 닭 껍질이 보기 좋은 황금빛을 띠고 허벅지의 가장 두꺼운 부위를 찔렀을 때 바로 맑은 육즙이 바로 흘러나오거나, 또는 같은 부위를 온도계로 확인했을 때 약 74℃일 때까지 구워준다.

로스팅 팬을 오븐에서 꺼낸다. 깨끗한 수건을 더 사용해 닭을 조심스럽게 랙에서 들어올려 닭의 즙이 아래쪽 구운 빵 위로 흘러가도록 하고, 닭을 조각내어 도마에 올려두고 10분간 놔둔다. 레몬을 꺼내서 따로 보관한다.

빵 조각들을 접시에 담아놓고, 닭을 썰어서 빵 위에 올린다. 레몬을 가위로 잘라서 뜨거운 즙을 닭과 빵 위에 조심해서 뿌려준다.

다른 버전

올 여름에 즐길 만한 또다른 변형은 전직 백악관 셰프이자, 팔레나, 애나벨 워싱턴 D.C.의 주요 레스토랑을 거친 프랭크 루타에게 영감을 받은 것이다. 위에 작성된 레시피를 따르되, 빵을 두껍게 자르는 대신 큼직하고 울퉁불퉁한 조각(크루통)들로 찢어서 사용한다. 닭을 조리하는 동안 한 번씩 뒤섞어준다.

닭이 완성되면 뜨거운 크루통을 익은 방울 토마토 약 450g과 얇게 썬 적양파, 소금에 절인 케이퍼 몇 개, 초록 파슬리를 넉넉히 다져서 함께 섞어준다. 닭 몸통 안에 넣어둔 레몬을 꺼내 즙을 짜서 빵과 채소 위에 뿌려주고, 맛을 보고 필요하면 간을 조절하고, 썰어놓은 닭과 함께 먹는다.

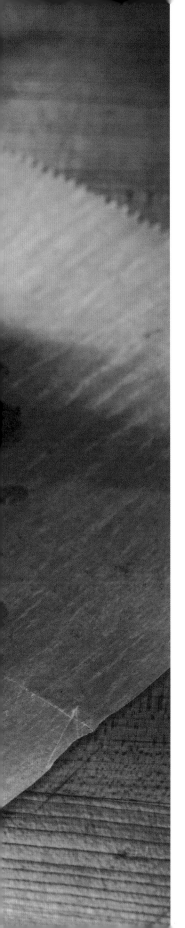

샌드위치

샌드위치에 관한 몇 가지 노트

빵을 먹는 방법에 대해 설명하면서, 샌드위치에 대한 언급을 하지 않는다면 이는 큰 실수일 것이다. 처음에는 샌드위치를 책 안에 포함시키고 싶지 않았다. 왜냐하면 이 책의 레시피는 대부분 오래된 빵을 활용하고 먹는 데 초점을 맞추고 있기 때문이다. 샌드위치는 대부분 갓 만들어진 신선한 빵과 잘 어울리지만, 토스트나 프레스트 샌드위치*는 예외다. 오래된 마른 빵만을 주제로 논문을 쓰게 된다면 얼마나 재미있을까? (나에게는 즐거운 작업이겠지만, 이런 책을 사는 사람들은 아마 거의 없을 것이다.)

하지만 어떻게 샌드위치 레시피를 작성해야 할까? 누구나 샌드위치를 만들 수 있지 않은가? 샌드위치는 아마도 빵을 활용한 가장 대중적인 레시피일 것이다. 최소한 이 책에서는 샌드위치에 대한 일반적인 몇 가지 지침들과 다소 색다른 관점을 제시하고자 한다.

우리는 인스타그램이 주도하는 암울한 음식 트렌드 시대에 살고 있다. 그 결과 너무나 많은 샌드위치가 괴물같이 기괴한 형태로 변해 버렸다. 내용물이 흘러나오고, 끈적거리며, 과도하게 속을 채워 거대하게 만든 이 샌드위치를, 우리는 먹는 것보다 사진을 찍는 데 더 애쓰고 있는 것 같다. 나는 이러한 과도함에 대해 겸손한 혁명을 제안한다. 샌드위치는 빵의 본질로 돌아갈 필요가 있다고 생각한다. 샌드위치 빵이 손가락에 양념이 묻지 않도록 하거나, 고기를 손으로 먹지 않도록 하는 수단일 뿐이라는 생각을 배제하고 싶다. 간단히 말해, 나쁜 빵은 나쁜 샌드위치를 의미한다.

우리가 이렇게 문화적으로 기이한 지점에 봉착한 이유는 수십 년 동안 좋지 않은 빵이 보급되는 현상을 받아들여야 했기 때문이다. 미국의 많은 지역에서 빵은 스스로 즐길 만한 수준에도, 적어도 간단한 샌드위치로도 즐길 수 있을 만한 수준에도 도달하지 못했다. 스폰지같이 만들어진 대량 생산된 빵은 맛이 없고, 아무리 잘 만들더라도 무미건조하며, 더 많은 재료를 넣을수록 실제로 빵을 먹고 있다

---

* pressed sandwich: 빵 덩어리나 바게트를 반으로 자르고 재료를 가득 채운 다음 단단히 싸서 무거운 물체로 눌러 냉장고에 보관한 다음 먹는 샌드위치.

는 사실을 덜 느끼게 한다. 하지만 기능적인 관점에서는, 이러한 부드러운 빵을 활용하면 샌드위치를 더 유연한 방식으로 만들 수 있다.

또한 이러한 빵은 먹기 쉽다는 특징이 있다. 이런 특징과 교외 유년시절에 대한 사람들의 추억 때문에 마틴스 포테이토 롤과 같은 대량 생산된 제품들이 대중적으로 인기를 얻었고, 어디서든 찾아볼 수 있게 되었다. 이런 빵은 반죽 개량제와 방부제를 사용해 대중이 좋아하는 쫄깃함과 긴 유통기한을 달성했다. 나도 다른 사람들처럼 이런 종류의 빵을 입안에 밀어 넣어 먹은 적이 있다. 하지만 우리에게는 충분히 딱딱한 음식을 씹을 수 있는 치아가 있다는 사실을 잊지 말자.

사실 빵의 식감은 샌드위치 빵을 고르는 데 극히 중요한 고려사항이다. 스스로 한번 질문을 해보자. 이 샌드위치가 씹기 편할까? 기분 좋게 먹을 수 있을까? 아니면 씹기 불편해 고된 노동이 될까?

크러스트가 딱딱한 "컨트리 스타일" 빵은 샌드위치를 만드는 데 이상적인 선택은 아니다. 컨트리 스타일 빵을 수평으로 절단해 호기* 스타일로 속을 채우면 종종 씹기가 힘들어진다. 일반적으로 얇게 잘라도 크러스트가 너무 두껍고 내부가 너무 부드러워서 적절한 샌드위치 형태를 만들지 못할 수 있다. 이런 빵은 토스터나 프레서에 구워서 먹거나 두툼하게 잘라 오픈 샌드위치로 만들면 좋고, 특히 촉촉한 재료를 얹어 나이프와 포크로 먹으면 된다. (물론, 이것이 과연 샌드위치로 간주될 수 있을지에 대해 논란의 여지는 있다. 토론을 위해서 이러한 화두를 던지고자 한다. 그렇지 못할 이유가 없지 않은가?)

내가 샌드위치를 만들 때 가장 선호하는 빵은 "피자 비앙카"다. 잘 만든 피자 비앙카는 크리스피한 식감(크런치한 것과는 차이가 있다)이 완벽하며, 다양한 속재료를 담을 수 있을 만큼 단단한 동시에 부드럽고 가볍다. 또한 풍미가 있으면서도 소화가 잘 된다. 포카치아도 좋은 선택이 될 수 있으며, 치아바타나 좋은 바게트도 가능하다. 후자 두 가지 중 하나를 선택할 때 주의할 점은, 빵의 특성이 너무 강하지 않고, 두껍거나 크러스트가 지나치게 딱딱하지 않은 빵을 찾는 것이다.

다양한 빵과 선택할 수 있는 다양한 속재료에 대해 한번 생각해보자. 선택하기 전에 그들이 무엇을 먹고 있는지 생각해보자. 이상하게 들리지만, 유명한 상업적 환경에서 잘못된 빵으로 만들어진 샌드위치가 얼마나 많이 팔리는지 놀랍다. 또 다른 고려 사항은 바로 샌드위치의 구성이다. 빵이 속재료를 충분히 담을 수 있을지? 빵이 과

* hoagie: 바게트 같이 기다란 빵에 햄, 치즈 등을 넣어 만든 샌드위치.

하게 또는 잘못 구성된 속재료를 감당하지 않도록 주의한다. 미트볼 샌드위치 자체는 좋은 메뉴지만, 브리오슈*나 부드러운 뺑드미** 같은 빵은 적합하지 않다. 왜냐하면 빵이 소스로 눅눅해지고 미트볼이 떨어질 수도 있기 때문이다.

샌드위치의 구성과 맛이 조화와 균형을 이뤄야 한다. 샌드위치 속 재료를 선택할 때도 마찬가지다. 재료는 최대 3개(극단적인 경우 4개)를 선택하고, 각 재료들을 비율에 따라 조화를 이루도록 조합한다. 빵의 맛을 최대한 살리고 강조할 수 있는 재료를 고르는 것이 좋다.

샌드위치의 재료들을 따로 조리해 각각 양념한다. 양념하지 않은 양상추, 토마토 또는 기타 채소가 그냥 들어간 샌드위치를 먹게 되면 늘 실망스럽다. 소금을 조금만 넣어도 큰 차이를 느낄 수 있고, 올리브 오일은 항상 좋은 선택이다. 빵 위에 가볍게 뿌리거나 채소를 데코레이션할 때 사용하면, 평범한 샌드위치를 훌륭하게 변신시킨다.

* brioche: 프랑스 빵으로 달걀, 버터, 설탕이 들어간 부드러운 디저트 빵.
** pain de mie: 프랑스어로 부드러운 빵이라는 뜻. 우유식빵으로 생각하면 된다.

햄 샌드위치

1인분 분량

일반적으로 사람들은 샌드위치 만드는 방법을 일부러 배우지 않더라도 어떻게 만드는지는 알고 있다. 빵을 얇게 자르고 원하는 햄으로 채워주기만 하면 된다. 샌드위치 속에 넣는 양념과 추가 재료들은 적당히 사용하면서 햄과 빵이 주인공이 되도록 한다. 내가 운영하는 브레드 앤 솔트에서는 가끔 햄 샌드위치를 만들어 판매한다. 그 이유는 내가 뉴저지 주 해컨색에 위치한 '샐루메리아 비엘레제*가 판매하는 프라하 햄을 너무 좋아해 특별한 개인 공간에서도 먹고 싶기 때문이다.

혹시 프라하 햄에 대해 잘 모른다면 이번 기회에 꼭 알아두자. 유럽 법률상 체코 공화국 이외에서 생산된 프라하 햄은 "프라하 스타일 햄"으로 불려야 한다. 그러나 그 이름과 출처와는 관계없이, 이것은 소금물에 절여 조리한 다음 가볍게 훈제 처리한 햄으로, 샌드위치뿐만 아니라 일반 요리에도 잘 어울리는 훌륭한 식재료다.

우리는 햄을 슬라이서로 비교적 얇게 썰되 너무 얇게 썰지는 않는다. 왜냐하면 프라하 햄은 이미 조리되어 있어 프로슈토 크루도나 스페인 햄보다 부드럽기 때문이다. 그러므로 살짝 두툼하게 먹는 것이 식감에도 좋다.

맷돌에 간 밀가루로 만든 갓 구운 빵에 넉넉하게 햄을 펼쳐 놓고, 올리브 오일을 두른 후 다른 빵으로 덮어주기만 하면 완성이다. 이 샌드위치는 일부러 찾아서 먹어볼 만한 가치가 있으며, 여러분이 가진 햄 샌드위치에 대한 모든 기대치를 뛰어넘을 것이다.

* Salumeria Biellese: 뉴욕의 유서 깊은 이탈리안 델리샵.

파네 쿤자토 샌드위치

1~4인분 분량

파네 쿤자토(Pane cunzato, "옷을 입은 빵")는 서부 시칠리아와 관련 있는 것으로 유명하며, 섬 주변의 빵집에서 종종 만든다.

가장 단순한 형태에서는 갓 구운 듀럼밀가루 빵을 아직 뜨거울 때 수평으로 썬 다음, 올리브 오일에 담근 후 말린 오레가노와 약간의 소금으로 양념한다. 좀 더 일반적이고 맛있는 버전에서는 익은 토마토와 앤초비 살코기 몇 조각, 어린 양 젖 치즈인 프리모살레가 추가된다. 케이퍼 몇 알을 넣을 수도 있다. 변형은 무수히 많지만, 앤초비, 토마토, 오레가노와 신선한 치즈 조합은 클래식한 레시피이자 단연 내가 가장 좋아하는 스타일이다. 샌드위치를 미리 만들어 오일과 토마토, 앤초비의 맛이 빵에 제대로 스며들게 하는 것이 중요한 비법이다.

지역에서 생산되는 큰 토마토가 품질이 별로라면, 방울 토마토가 나은 대체재가 될 수 있다. 가장 달고 즙이 많은 토마토를 선택하고 으깨거나 찢어 빵 위에 얹어준다. 토마토즙은 도마 위가 아니라 빵 속에 있어야 한다. 토마토가 제철이 아니거나 좋은 토마토를 구입할 수 없을 때는 이 샌드위치를 다음에 만들거나, 품질이 좋은 토마토를 말려 오일에 담근 것을 사용한다. 그러나 그 맛이 강할 수 있으므로 적당히 사용하고, 좋은 것들은 상당히 비쌀 수 있으니 유의한다.

프리모살레는 전통적인 치즈지만, 찾기가 어려울 수 있으며, 구입하더라도 다소 느끼해지거나, 신선한 치즈의 특성을 잃은 경우가 종종 있다. 좋은 프리모살레 치즈를 구입하기 어렵다면, 대신에 크로토네제, 토스카노, 또는 사르도 페코리노 치즈를 사용할 수 있다.

재료

갓 구운 빵 … 1덩어리 (가급적 세몰리나 빵으로 준비)

올리브 오일 (최상급 제품으로)

소금

금방 간 흑후추

말린 오레가노 (가급적 시칠리아산)

제철 완숙 토마토 큰 것 … 3~4개 (얇게 썬 것)

프리모살레 치즈 … 150g (얇게 썬 것)

앤초비 살코기 … 10~15개 (물에 헹군 것)

조리법

집 주변의 베이커리와 돈독한 친분이 있거나, 아침에 일찍 일어나 부지런히 서두르지 않는다면(이렇게 갓 만든 빵으로 만든 샌드위치는 만들어볼 가치가 있다), 오븐에서 갓 나온 따뜻한 빵을 구하기가 어려울 수 있다. 갓 구운 빵을 구하기 어렵다면, 최대한 신선한 빵을 구입해서 오븐에 통째로 넣고 빵 속이 꽤 뜨거워질 때까지 데운다. 크러스트를 보호하기 위해 먼저 호일로 감싸서 데우는 방법도 있다.

빵을 가로로 자른다(길이 방향으로). 만약 빵의 크럼(크고 작은 구멍들)이 아주 많지 않다면, 빵의 양면에 빠르게 얕은 칼집을 내거나 가위로 몇 군데를 잘라서 양념이 더 잘 스며들 수 있도록 한다. 빵의 표면적을 넓히면 더 많은 오일을 흡수하고 풍미가 깊어진다.

아직 빵이 뜨거운 상태에서, 절단한 빵의 양면에 오일을 넉넉히 뿌려준다. 약간의 소금, 후추, 잘게 부순 오레가노로 양념한다. 얇게 썬 토마토를 밑에 빵에 놓고, 그 위에 얇게 썬 치즈를 올린다. (맛을 보면서) 앤초비 살코기를 치즈 위에 펼쳐서 올리고, 양념해둔 다른 빵으로 살짝 눌러 샌드위치를 덮어준다. 이렇게 잠시 샌드위치를 둬서 모든 풍미가 스며들 수 있게 한다. 각자 원하는 크기로 잘라 먹는다.

97

파네 에 모르따델라 샌드위치

2인분 분량

이것은 아마도 최고의 볼로냐 샌드위치일 것이다. 이름에서 알 수 있듯 복잡하지 않으며, 이상적이고 완벽한 결합이자 단순함의 미학과 우아함을 보여준다!

만약 피자 비앙카, 포카치아, 차이바타, 로제트* 또는 파네 소피아토**와 같은 빵을 준비할 수 있다면(손바닥 크기) 각각을 가로로 썬다. 아니면 훌륭한 카이저롤을 인근 베이커리에서 구입한다. 샌드위치를 만들기 적합한 품질 좋은 빵은 어떤 것이든 좋다.

아주 얇은 모르따델라 몇 장을 준비한다. 좋은 식재료는 찾는 수고를 할 만큼의 가치가 있다. 단, 과하게 사용하지 않는다. 빵과 균형을 이루기에 충분한 양만 사용한다.

이 샌드위치에서는 아이올리, 절임채소, 채소 또는 치즈를 사용하지 않는다. 최상급 빵과 모르따델라만 있으면 충분하다. 다른 추가 재료들은 오히려 이 샌드위치를 망치게 될 것이다. 내 말을 믿어도 좋다.

재료

피자 비앙카, 포카치아, 치아바타, 로제트, 또는 파네 소피아또

최상급 올리브 오일

품질 좋은 모르따델라 … 몇 장 (얇게 썬 것)

조리법

빵을 반으로 썰어서 열어둔다. 절단한 양면에 올리브 오일을 기호에 맞게 뿌린다. 모르따델라를 몇 겹으로 접어서 두께를 조절한다. 납작하게 쌓지 않도록 한다.

* rosette: 위로 볼록 솟아오른 이탈리아식 흰 빵.
** pane soffiato: 공기층을 많이 함유하고 크러스트가 가볍고 얇은, 폭신한 이탈리아 빵.

스트라치아텔라 치즈, 민트, 주키니 샌드위치

2인분 분량

이 레시피는 여름에 제철을 맞은 주키니를 활용한 그릴 요리다. (코스타타 로마네스코 주키니*를 추천한다. 사실 크기가 거대하지 않다면 어떤 주키니라도 사용할 수 있다.) 그릴에 구운 주키니는 냉장고에서 몇 시간 또는 하룻밤 동안 둬서 양념이 배이도록 한다.

조리법

주키니를 길이로 자르고 5mm 남짓 두께로 썬다. 좀 더 세심한 손질을 하고 싶다면 썬 주키니를 랙에 올린 뒤 상온에서 몇 시간 동안 살짝 건조시킨다. 이렇게 하면 굽는 데 도움이 되지만, 반드시 필요한 작업은 아니다.

페이스트리 브러시를 사용해 주키니 위에 가볍게 올리브 오일을 바른다. 혹은 올리브 오일과 소금을 담은 그릇에 넣고 섞어도 좋다. 오일이 흘러내리지 않을 만큼만 발라준다.

손질한 주키니를 뜨겁게 달군 그릴에 올린다. 그릴에 평평하게 놓고 한 면당 약 1분씩 구워준다. 주키니는 숯불 색상이 나도록 익지만 완전히 물러지지 않도록 주의한다. 주키니를 그릴에서 꺼내어 별도의 그릇에 담고, 여기에 마늘, 레몬즙, 손으로 찢은 민트 잎을 넣고 섞는다. 소금과 후추를 첨가하고 올리브 오일을 살짝 두른다. 양념 비율은 기호에 맞게, 레몬과 민트 향은 강하게 살리는 것이 좋다.

당일 저녁에 샌드위치를 만들 계획이라면 그릴에 구운 주키니를 실온에서 몇 시간 동안 숙성시킨다. 그렇지 않다면 뚜껑을 덮어 냉장고에 넣고 하룻밤 숙성시킨다. 냉장 보관된 구운 주키니는 사용하기 전에 적어도 1시간 이상 실온에 놓아둔다.

샌드위치를 만들 준비가 되면 빵을 잘라서 열어둔다. 마리네이드한

재료

주키니 … 4개 (약 15cm 이하 크기)

올리브 오일

마늘 … 1쪽 (얇게 썬 것)

레몬 … 2~3개 (즙을 내 사용)

풍성한 생 스피어민트 잎 (대부분 식료품점에서 '민트'로 표기됨)

소금

금방 간 흑후추

스트라치아텔라 치즈

신선한 포카치아, 피자 비앙카 또는 부드럽고 단단한 질감의 잘 구워진 샌드위치 빵

---

* costata romanesco zucchini: 이탈리아에서 재배되는 가보 품종.

주키니를 꺼내되, 마리네이드 안에 있는 흐물거리는 민트와 마늘은 사용하지 않는다. 주키니를 아래 빵 위에 올려 놓는다. 신선한 민트 잎 몇 장과 마리네이드를 살짝 얹고, 스트라치아텔라 치즈를 올려준다. 위 빵의 절단 면에 마리네이드를 두른 뒤 덮고, 샌드위치를 반으로 잘라준다.

이 샌드위치는 특성상 깔끔하게 먹기가 어려우므로 냅킨을 넉넉히 준비해두자.

101

앤초비, 치커리, 프로볼라 샌드위치

1인분 분량

이 레시피가 여러분이 앤초비 샌드위치를 좋아하게 만들어줄 것이다. 프로볼라와 스카모르차는 가볍게 숙성된 파스타필라타 치즈로, 종종 치즈 커드로 만들어진 생 치즈다. 이 치즈는 모차렐라보다는 더 단단하고 물기가 적으며, 프로볼로네보다 톡 쏘는 맛이 덜한 것이 특징이다.

조리법

오븐이나 토스터 오븐을 약 232℃로 예열한다. 샌드위치 빵을 잘라서 열어둔다.

얇게 썬 프로볼라 또는 스카모르차 조각을 아래쪽 빵에 몇 장 올려놓는다. 빵의 양면 모두 오븐이나 토스터 오븐에 따로 올려놓는다(샌드위치를 쌓아 놓지 않는다).

치즈가 녹기 시작해 가장자리가 녹을 때까지 굽는다. 갈색으로 노릇하게 익지 않도록 주의한다. 그 동안, 치커리 잎을 소금, 후추, 레몬즙, 올리브 오일로 양념한다. 치커리는 상큼한 맛을 더하되 물기가 너무 많지 않도록 조절한다.

녹은 치즈 위에 앤초비 살코기(맛을 보고 양을 조절)를 얹는다. 그 위에 양념한 치커리를 올려서 먹는다.

재료

피자 비앙카, 포카치아 또는 특히 좋은 치아바타 빵

프로볼라 또는 스카모르차 … 몇 장 (얇게 썬 것)

카스텔프랑코 치커리 또는 상큼하고 부드러운 에스카롤, 프리제, 벨기에 앤디브, 또는 라디치오

소금

금방 간 흑후추

신선한 레몬즙

올리브 오일

앤초비 살코기 … 4개 (또는 원하는 만큼) (가능하면 소금에 절인 앤초비 2~3개를 물로 깨끗이 세척하고 살을 발라낸 것)

튀긴 가지 샌드위치

2인분 분량

이 책에서는 가지를 활용한 샌드위치 레시피를 적어도 10가지 이상 소개할 수도 있었다. 가지는 아마도 모든 채소 중에 으뜸 샌드위치 재료일 것이다. 하지만 간결하게 하기 위해, 여기서는 레시피를 하나만 선택했다.

공 모양 가지 외에 다른 종류도 사용할 수 있다. 단, 잘 익은 제철 가지를 선택하되, 단단하고 유연하며 껍질이 얇고 팽팽한 것을 고르고 가능하면 냉장고에 오래 보관하지 않은 것이 좋다.

조리법

가지의 줄기를 자르고, 가로로 약 5mm 남짓으로 잘라준 다음 양면에 각각 소금을 뿌리고, 채반에 둔다. 약 30분~1시간 동안 절이는데, 이때 소금이 가지에서 수분을 빼는 역할을 한다.

가지를 소금에 절이는 동안, 방울 토마토를 4등분하거나 반으로 자르고, 적양파를 얇게 썬다. 토마토와 양파를 민트 잎과 함께 그릇에 담아둔다. 약간의 소금과 올리브 오일, 레몬즙을 뿌린 후, 각 재료들이 어우러져 토마토에서 즙이 나올때까지 잠시 둔다.

충분한 시간이 지난 후 다시 가지를 물에 헹궈 소금을 씻어낸다. 세번 정도 반복한다(헹구지 않으면 가지가 너무 짤 수 있다). 가지를 깨끗하게 말려서 수분이 없도록 하고, 깨끗한 마른 키친타월로 가볍게 눌러서 남은 물기를 제거한다.

팬에 기름을 1~2.5cm 깊이로 붓고, 약 171℃로 예열한다. (크루통 크기의 빵 조각을 넣어 튀겨지면 알맞은 온도다.) (매우 마른 상태의) 가지를 부드럽게 기름 안에 넣는다. 가지가 서로 뭉치지 않게 주의한다. 가지가 적당한 연한 갈색이 될 때까지 3~4분간 튀긴다. 중간에 한 번 뒤집어준다. 선반에 키친타월을 깔고 그 위에 튀긴 가지를 올리고 기름을 뺀다. 키친타월로 가볍게 눌러서 불필요한 기름을 제거한다. 간이 맞는

재료

둥근 가지 중간 크기 ··· 약 453g

소금

방울 토마토 ··· 1컵 분량 (최대한 단맛이 나는 품종 선택)

작은 적양파 ··· 반 개

신선한 민트 잎 ··· 6장

올리브 오일

레몬 ··· 반 개 (즙을 내 사용)

포카치아, 피자 비앙카, 치아바타 또는 좋은 샌드위치
  빵 (포카치아와 비앙카는 샌드위치당 약 한 손 크기 사용)

지 맛을 본 후 필요하면 남은 가지에 소금을 뿌려준다.

샌드위치 빵을 썬다. 튀긴 가지 몇 개를 아래 빵에 올려준다. 가지 위에 토마토 샐러드 믹스와 그 즙을 얹어준다. 나머지 샌드위치 빵으로 위를 덮고, 반으로 잘라서 먹는다.

가지 튀김이 많이 남았다면 다른 샌드위치를 만들어 먹는다. 샌드위치를 굳이 만들지 않더라도 가지 튀김만 먹을 수도 있다.

로스티드 퀸스, 페코리노, 루꼴라 샌드위치

2인분 분량

퀸스는 늦가을에 쉽게 구할 수 있으므로, 샌드위치 하나를 만들고자 힘들게 노력을 들일 필요는 없다. 그래서 친구를 초대해 함께 샌드위치를 만들거나, 남은 퀸스를 돼지고기나 다른 고기와 함께 디저트로 즐기면 좋다. 퀸스를 좀 더 특별한 방법으로 즐기고 싶다면 휘핑 리코타나 아이스크림과 함께 맛있게 먹어보자.

이 샌드위치에는 특별히 페코리노 치즈를 사용해보자. 복합적이면서 살짝 견과류 향이 나는, 좋은 테이블 치즈를 선택하면 좋다. 맛이 너무 날카롭거나 드라이하지 않은, 약간 숙성된 치즈를 사용하면 샌드위치의 맛을 한층 더 풍부하게 만들어줄 것이다.

재료

레몬 ⋯ 1개

단단한 퀸스 ⋯ 3개

월계수 잎 ⋯ 1장

통 흑후추 ⋯ 약간

정향 ⋯ 2개

소금

품질 좋은 화이트 와인 ⋯ 약간

꿀

샌드위치 빵 (나는 피자 비앙카를 사용하지만, 포카치아 또는 각자 선택한 샌드위치 빵도 사용할 수 있다)

숙성된 페코리노 치즈 덩어리

루꼴라 잎 작은 것 (어린 잎이 아닌 것)

올리브 오일

굵게 간 흑후추

조리법

오븐을 약 121℃로 예열한다. 레몬 껍질을 넓게 벗겨내어 흰색 부분은 모두 제거한다. 레몬을 반으로 자르고, 즙을 물이 담긴 큰 그릇에 짠다.

퀸스를 씻은 뒤 껍질을 벗겨 반으로 자르고, 나이프 또는 단단한 숟가락으로 중심 부분과 씨를 제거한다. 산화를 방지하기 위해 손질하는 동안 퀸스를 레몬 물에 넣어둔다.

반으로 자른 퀸스를 모두 얇은 팬에 껍질을 아래로 향하게 놓고, 월계수 잎, 후추, 정향, 레몬 껍질, 소금 약간, 화이트 와인을 넣고, 퀸스 측면이 살짝 잠길 정도의 높이로 물을 부어준다(퀸스를 물에 완전히 잠기지 않게 한다).

꿀을 살짝 두른다. 퀸스를 과하게 달게 하지 않으면서, 산미를 완화하고 자연스러운 풍미를 살릴 수 있을 만큼 사용한다. 호일로 단단히 밀봉해서 오븐에 넣는다. 2~3시간 정도 천천히 구으며, 조리가 끝날 무렵 반대로 뒤집어준다.

시간이 경과될수록 조리 상태를 자주 확인한다. 과일이 너무 물러지지 않게 주의하고, 색상이 분홍색에서 빨간색으로 부드럽게 바뀌고, 포크로 찔렀을때 부드럽게 들어갈 때까지 익힌다. 덜 조리된 퀸스는 먹지 않는 것이 좋다. 팬에 남은 액체가 과도하게 증발하지 않도록 주의한다(과즙이 필요하기 때문에 모자라면 물을 약간 더 추가한다). 거의 완성되었다면, 호일을 제거하고 오븐에 잠시 그대로 둔다.

오븐에서 꺼내어 그대로 식힌다. 맛을 보고 필요할 경우, 양념을 추가한다. 퀸스를 약 3mm 두께로 썰고 빵에 층층이 올린다. 시럽 같은 액체를 조금 두른다.

퀸스 위에 페코리노 치즈를 얇게 썰어서 올린다(갈지 않을 것). 치즈의 양은 육안으로 확인할 수 있을 정도만 올린다. 이 레시피는 치즈 샌드위치가 아니라는 점을 기억하자. 치즈 위에 각각 루꼴라, 올리브 오일, 소금, 후추를 살짝 뿌린 다음 빵을 덮어 샌드위치를 완성한다.

브로콜리 라베 샌드위치

1인분 분량

고기를 넣지 않은 샌드위치가 오히려 맛이 더 좋은 경우가 있다. 고기없는 샌드위치는 혁신적인 것이 아니다. 브로콜리 라베 샌드위치에 들어가는 치즈는 페코리노 몰리테르노, 페코리노 카네스트라토, 또는 이탈리아 라지오 지역에서 생산된 페코리노 로마노(사르디니아산이 아닌 것)를 사용하는 것이 좋다.

조리법

큰 냄비에 물을 넣고 팔팔 끓인 후 소금을 넉넉히 넣는다. 큰 그릇에 물과 얼음을 채운다.

브로콜리 라베를 끓는 물에 넣고 살짝 더 푸른색이 될 때까지 1분간 데친 후 건져서 즉시 얼음물로 옮겨 식힌다. 식힌 후에, 물을 따라내고 적당히 다져준다. 데치고 남은 물은 버린다.

프라이팬을 약불에 두고 올리브 오일을 살짝 두르고 다진 마늘을 넣는다. 나무 수저로 마늘을 프라이팬에 눌러준다. 마늘이 살짝 끓기 시작하면, 페퍼를 넣고 물기가 남은 다진 브로콜리 라베를 넣는다. 소금으로 간을 맞추고 중불로 높인다. 프라이팬에서 브로콜리 라베를 뒤적거리며 익힌다. 샌드위치 용도로는 살짝 부드럽게(형태가 없어지도록 익히는 것이 아님) 요리하는 것이 좋다. 간을 본 뒤, 마늘과 페퍼를 제거한다(통째로 남겨두지 않는다).

샌드위치 빵을 자른다. 필요한 경우 내부 크럼을 살짝 긁어낸다(빵가루, 판코토 등, 추후 다른 용도로 보관한다). 한 쪽에 리코타 치즈를 바르고, 따뜻한 브로콜리 라베를 푸짐하게 올려준다. 페코리노 치즈를 소량 갈아 올린다. 먹기 전에 올리브 오일을 좀더 넉넉하게 뿌려준다.

재료

소금

브로콜리 라베 … 작은 1묶음 (단단한 줄기 끝을 제거한 것)

다진 마늘 … 1쪽

올리브 오일

신선한 또는 말린 핫 칠리 페퍼 작은 것 … 1개 (통째로 또는 다진 것: 다진 것을 사용하면 좀더 매콤해진다)

치아바타, 바게트, 포카치아 또는 적당한 롤빵 (세몰리나 밀로 만든 것을 추천)

리코타 치즈

숙성 페코리노 치즈 작은 조각

파프리카, 감자 샌드위치

2~4인분 분량

나는 피츠버그 외의 지역에 사는 많은 현대 미국인이 샌드위치에 감자를 넣는 것이 비상식적이라고 생각하는 것을 잘 알고 있다. 그런데 사실은 결코 그렇지 않다고 확신한다. 실제로 전 세계 많은 지역에서 감자가 들어간 샌드위치를 즐겨 먹는다. 그러니 한번 시도해보라. 맛이 제법 좋다. 탄수화물을 싫어하는 사람은 없지 않은가?

감자는 이탈리아 칼라브리아 지역에서 흔히 즐겨먹는 사이드 메뉴이자, 훌륭한 샌드위치 속재료다. 원한다면, 샌드위치 속만 만들어서 저녁 식사 때 함께 먹고, 남은 것을 보관한 뒤 다음 날 점심에 빵에 넣어서 먹어보자.

파프리카는 색상과 종류를 골고루 사용하면 좋고, 품질이 좋은 파프리카를 골라야 한다. 나는 개인적으로 카르멘 품종과 같은 길쭉한 파프리카를 선호한다. 감자는 유콘 골드 감자를 사용할 수 있다. 독일 버터볼과 피카소도 흥미로운 품종들이다. 주변에 구할 수 있는 것으로 만들어보자. 부드럽고 비교적 물기가 적은 것을 선택하면 된다. 빵은 크러스트가 적당히 가볍게 있는 것을 선택한다.

재료

적양파 작은 것 … 1개

올리브 오일

파프리카 … 2~3개

소금

노란 속살 감자 중간 크기 … 4개

롤빵 또는 포카치아 등, 크러스트가 살짝 붙은 빵

조리법

양파를 위에서 아래로 3~6mm 두께로 썬다(실제 두께는 중요하지 않으며, 너무 얇지 않게 하면 된다). 넓은 팬에 품질 좋은 올리브 오일을 넉넉히 두른 다음(넉넉하되, 과하지 않을 만큼; 살짝 기름칠한 것보다는 가벼운 튀김을 할 수 있을 정도) 썬 양파를 넣는다. 중불에 올린다.

파프리카의 줄기를 다듬고 씨와 안쪽 흰 부분을 긁어낸다. 약 1cm 두께로 길게 자른다. 양파가 부드러워지면, 파프리카를 넣고 소금으로 살짝 간을 맞춘다. 중불에서 양파와 파프리카를 익히며 짙은 갈색으로 변하지 않도록 자주 저어준다.

한편, 감자를 깨끗이 씻고 껍질을 벗겨서 파프리카과 비슷한 크기가 되도록, 작은 웨지 또는 라운드 모양으로 자른다. 이렇게 하면 감자 익히는 시간을 절약할 수 있다. 파프리카가 부드러워지면 감자를 넣고 소금을 살짝 추가한다. 익힐 때 눌어붙지 않도록 주기적으로 저어주며, 감자가 약간 갈색이 돌때까지 익힌다. 필요에 따라 불을 조절한다. 모든 채소가 부드러워질 때까지 약 25분간 익힌다. 간을 맞춘 다음 빵을 잘라 사이에 넣고 따뜻하게, 혹은 실온 상태로 먹는다.

모차렐라 엔 카로차 샌드위치

재료

튀김용 올리브 오일,
  또는 선호하는 기름

다목적 밀가루

달걀 … 1개 (풀어서)

곱게 간 구운 빵가루 (159쪽 참조)

피오르 디 라테* 치즈 (얇게 썬 것) (각 샌드위치마다 기호에 따라 양 조절)

소금에 절인 앤초비 살코기 … 2개 (잘 헹군 것) (선택사항)
  (앤초비를 사용하지 않는다면 소금을 추가로 준비할 것)

빵 … 4장 (약 5mm 두께 크러스트 제거한 것)

2인분 분량

모차렐라 엔 카로차는 그릴드 치즈 샌드위치 중에서도 단연 최고다.

이탈리아에서는 기본적으로 화이트 샌드위치 빵인 판카레 또는 파네 인 카세타(Pane in cassetta)로 주로 만든다. 미국 식료품점에서 찾아볼 수 있는 무미건조한 패키지에 담긴 빵이 아니라, 지역 베이커리에서 구입하는 자연발효된 풀먼식 식빵을 선택해야 한다. 크러스트가 상대적으로 부드럽고 불규칙한 구멍이 없는 러스틱 스타일의 빵도 선택할 수 있다. (좀더 밀도 있는 독일식 호밀빵이나 공기층이 많은 치아바타는 여기에 적합하지 않다.) 그러나 러스틱 빵은 균일하게 잘라내기 어려울 수 있기 때문에, 각 빵을 적당한 사각형 또는 직사각형으로 잘라야 한다. 사용하는 빵의 종류와 상관없이 신선하고(1~2일 이내), 빵 내부에 약간의 수분이 느껴져야 한다.

샌드위치에 간단한 그린 샐러드나 무화과와 꿀을 곁들여도 좋다.

조리법

팬에 약 1cm 정도의 기름을 넣고 약 171℃로 예열한다. 샌드위치 2개가 들어갈 만큼 넉넉한 크기의 팬을 사용한다. 한편, 밀가루, 푼 달걀, 빵가루를 얕은 접시 3개에 각각 둔다.

치즈를 빵 두 조각에 고르게 나눠 올려놓는다. 치즈는 빵 가장자리를 넘어가지 않도록 한다. 각 치즈 위에 앤초비 살코기(선택사항)를 얹은 뒤 남은 빵 조각으로 덮는다. 꼭 눌러서 덮어준다.

모든 샌드위치를 가장자리를 포함해 가볍게 밀가루, 푼 달걀, 빵가루 순으로 입힌다. 팬에 빵 조각을 넣어 기름이 온도가 적당한지 확인한다. 준비가 되면, 뜨거운 기름에서 샌드위치를 넣어 모든 면을 노릇하게 튀긴다.

키친타월을 깔고 그 위에 둔 기름망에 샌드위치를 올려서 기름을 빼고 식힌 후 따뜻할 때 먹는다.

* Fior di latte: 이탈리아의 대표적인 프리미엄 모차렐라 치즈.

113

하리사 소스, 달걀, 올리브, 참치 샌드위치

1인분 분량

이 책에서 소개한 다른 샌드위치들은 대부분 정통 이탈리안 샌드위치가 아니더라도 최소한 이탈리안 풍미가 느껴지는 것들이다. 하지만 이 샌드위치는 예외다.

이 샌드위치는 튀니지에서 가장 사랑 받는 샌드위치다. 프랑스어로 "프리카세(fricassee)"라고 불리며, 보통 맛있는 도넛과 비슷한 빵 위에 재료를 올려 먹는 샌드위치다. 기본적으로 튀긴 빵을 잘라서 그 위에 기름담금 참치, 하리사 소스, 4등분한 삶은 달걀, 올리브를 올린다. 때로는 감자도 함께 사용한다. 이 샌드위치는 다양한 변형이 있다. 튀니지에서는 거의 모든 샌드위치와 수많은 다른 요리들도 참치, 하리사 소스, 올리브를 가니쉬로 사용한다.

여기서는 바게트 빵을 추천한다. 왜냐하면 직접 만들지 않는 한, 맛이 좋은 튀긴 빵을 구입하기란 어려울 수 있기 때문이다. 가능한 최상품 기름담금 참치를 사용한다면 만족스러운 결과물을 얻을 수 있다.

재료

달걀 … 1개

소금

오일에 담긴 블랙 올리브,
    또는 블랙 올리브와 녹색 올리브 믹스

갓 구운 바삭한 바게트 … 1/2개

하리사 소스 (242쪽 참조)

참치 통조림 … 1캔

곱게 다진 이탈리안 파슬리 (선택사항)

적양파 다진 것 (선택사항)

올리브 오일 (선택사항)

조리법

물에 소금을 넉넉히 넣고 달걀을 정확히 8분 30초 동안 삶는다. 큰 그릇에 물과 얼음을 준비한 뒤 삶은 달걀을 넣어 식힌다. 이렇게 하면 달걀을 반숙과 완숙의 중간 정도로 익힐 수 있다. 달걀을 잘랐을 때 노른자 가운데에 광택이 남아 있어야 먹음직스러워 보인다. 껍질을 벗기고 세로로 4등분한 뒤 소금을 살짝 뿌린다.

올리브는 씨를 제거한다.

바게트 빵을 세로로 길게 2등분하되 완전히 잘라내지는 않는다. 스푼을 사용해 빵 한쪽 면에 하리사 소스를 아낌 없이 바른다. 취향에 맞게 맵기를 조절한다.

참치 통조림을 열어 기름은 일부 남겨두고, 내용물을 모두 빵 안쪽에 고르게 바른다. 올리브를 참치 위에 흩뿌린 다음 4등분한 달걀을 샌드위치 길이에 따라 고르게 올린다. 파슬리와 다진 적양파를 사용한다면 이때 뿌려주고, 소량의 참치 통조림 기름 또는 신선한 올리브 오일을 샌드위치 안쪽에 바른다. 샌드위치 빵을 덮고 먹는다.

아티초크, 페코리노, 민트, 프리타타 샌드위치

1~2인분 분량

이 샌드위치에는 짧게 숙성된 소프트 치즈나 하드 치즈보다는 3~6 개월 정도 숙성된 페코리노 치즈를 사용한다. 페코리노 에트루스코 또는 크로토네세가 어울린다.

재료

달걀 … 2개

소금

금방 간 흑후추

올리브 오일

딱딱한 롤빵 작은 것

작은 페코리노 치즈 조각 (얇게 썬 것)

아티초크 소똘리오* … 2~3개 (반으로 자른 것)

신선한 민트 잎, 혹은 멘투치아** (가능한 경우)

조리법

달걀을 깨서 작은 그릇에 넣고 소금과 후추 한 꼬집, 약간의 물을 넣고 잘 풀어준다.

작은 프라이팬에 올리브 오일을 넉넉히 두른 후 중불에서 가열한다. 달걀이 바로 익을 수 있도록 오일을 충분히 달군 뒤, 달걀물을 붓는다. 나무 또는 부드러운 주걱을 사용해 달걀을 저어주고, 익은 달걀은 팬의 중앙으로 밀어올리면서 아직 안 익은 부분이 그 안으로 들어가게 한다. 불을 살짝 줄이고 달걀의 바닥과 가장자리는 거의 익었지만, 가운데는 부드러운 상태가 될 때까지 익힌다. 주걱을 사용해 달걀이 모서리에 몰리지 않고 바닥에 들러붙지 않도록 주의하면서, 달걀이 적당히 먹음직한 진갈색이 되도록 익힌다.

팬 크기의 접시를 팬 위에 덮어서 뒤집어, 달걀의 구워진 면이 위로 오도록 한다. 달걀을 다시 팬으로 옮겨 놓고 (구워진 면이 위로 향한 상태로) 열을 다시 가해 몇 분 더 익힌다. 약간 갈색이 돌고 부드럽게 부풀어 오른 상태가 좋지만, 선호하는 정도에 따라 익혀준다. 프리타타가 완성되었다.

키친타월에 올려놓고 잠시 기름을 뺀 후, 프리타타를 썰어둔 빵 안에 넣어준다. 얇게 썬 치즈, 아티초크, 민트 잎 몇 장, 올리브 오일을 적당히 뿌려주고, 원한다면 후추 한 꼬집을 더해 완성한다.

* artichokes sott'olio: 소금 등 향신료를 넣은 올리브 오일에 절인 아티초크.
** mentuccia: 박하의 종류.

나는 빵 조각을 사용하는 많은 경우에 묵은 빵을 즐겨 사용한다. 내가 즐겨하는 요리 중에는 빵 조각을 활용한 것들이 있다. 판코토가 그중 하나로, "요리된 빵"이라는 뜻이다. 크럼 대신 빵 조각 덩어리들로 만든 미트볼은 소리없는 혁명적인 레시피다. 이 레시피는 별도의 코너에서 다룰 가치가 있을 만큼 매우 특별하다.

크루통

크루통은 빵 조각을 구운 것이다. 기본 구운 빵가루 레시피와 유사하게, 크루통도 큰 빵 조각을 작게 만드는 작업이 주를 이룬다.

빵의 상태와 경과 시간, 그리고 크루통의 활용 목적에 따라 몇 가지 방법이 있다. 밀폐용기에 넣어 건조한 곳에 보관하면 오랫동안 보관할 수 있다.

크루통에 허브를 넣어서 맛을 낼 수도 있지만, 난 허브를 사용하지는 않는 편이다.

재료

하루 지난 빵 … 한 덩어리 (며칠 지난 것이 더 좋다)

올리브 오일

소금

조리법

오븐을 약 204℃로 예열한다.

빵이 부드러운 상태라면, 손으로 빵을 다양한 크기로 찢는다. 크러스트는 대부분 남겨두는 것이 중요하다. 묵은 빵을 정사각형 또는 직사각형으로 자르지 않는다. 모양이 반듯한 크루통은 보기에도 이상하고 식감도 이상하게 느껴진다. 크루통의 크기는 쉽게 입에 넣을 수 있을 정도로 작게 만든다.

그릇에 올리브 오일과 소금을 적당량 살짝 넣고 섞는다. 소금을 너무 많이 넣지 않는다. 빵에 이미 소금이 들어가 있을 것이고, 크루통을 넣은 요리에도 이미 소금간을 했을 가능성이 있기 때문이다. 시트팬에 올려 금빛 갈색으로 바삭해질 때까지 오븐에서 구워준다. 가끔씩 크루통을 섞어가며 균일하게 익힌다. 이 과정은 10분 이상 걸릴 수 있으며, 빵의 건조 상태에 따라 다르다. 또한 크루통의 크기에 따라 달라진다. 크기의 차이로 다양한 질감이 형성된다.

또 다른 방법으로, 빵 끝이 완전히 딱딱하고 마른 경우에는 빵을 타월에 감싸서 롤러 또는 무겁고 둔탁한 물건으로 두드려서 작고 다양한 모양으로 만들 수도 있다. 좀더 묵은, 마른 빵으로 만든 크루통은 좀더 단단하고 바삭바삭한 식감을 느낄 수 있다. 그래서 묵은 빵일수록 신선한 빵보다는 좀더 작게 잘라서 씹기 편하게 만드는 것이 좋다. 올리브 오일을 두르고 시트팬에 올려 약 204℃에서 굽는다. 좀 더 마르고 단단하더라도, 보관이 용이하고 샐러드에 넣어도 무르거나 축축해지지 않고 오래 유지된다.

소를 넣은 페퍼

2~4인분 분량

나는 페퍼를 선택할 때 다음 사항들을 고려한다. 먼저, 보통 페퍼 시즌인 늦여름과 가을에 페퍼를 넣는 요리를 만든다. 요리하려는 음식과 페퍼의 종류에 따라서, 나는 피망처럼 단맛나는 둥근 페퍼보다는 두툼한 페퍼, 파프리카, 더 뾰족한 원추형의 페퍼를 고른다. 이 요리에는 최근 농산물 시장에서 많이 보이는 카르멘 페퍼와 카르멘과 관련 있는 에스카밀로 페퍼가 어울린다. 다른 요리에는 조금 작은 콘니토 페퍼를 선택할 수 있고, 마르세유 페퍼는 좋은 시트러스 노트가 있는 것이 특징이다. 지미 나델로 품종은 훌륭한 튀김용 페퍼며, 시시토 페퍼도 마찬가지로 좋은 선택이지만, 나는 소를 넣은 튀김요리에는 이 품종들을 쓰진 않는다.

조리법

오븐을 약 204℃로 예열한다.

적당량의 따뜻한 물 또는 우유에 오래된 빵을 담가 빵이 부드러워질 때까지 불려둔다. 소금에 절인 케이퍼를 헹구고, 물을 담은 작은 그릇에 10~15분간 담가뒀다가 건져내고 남은 물은 버린다. 소금에 절인 통 앤초비는 물에 헹구고, 뼈와 지느러미를 제거한 후 잘게 다진다.

큰 그릇에 달걀을 풀어준다. 마늘과 파슬리를 다진 후 달걀에 넣는다. 여기에 치즈를 넣어 섞는다.

빵이 부드러워지면 물기를 꼭 짜내고, 달걀과 치즈가 섞인 그릇에 넣는다. 앤초비와 물기를 제거한 케이퍼를 추가한 후 소금과 후추로 간을 맞춘다.

파프리카의 윗부분(줄기 끝)을 자르고, 씨, 중심 부분, 흰색 대를 제거하며 파프리카가 부숴지지 않도록 조심스럽게 손질한다.

재료

묵은 빵 조각 … 150g (크러스트 제거)

따뜻한 물 또는 우유

소금에 절인 케이퍼 … 5g

소금에 절인 통 앤초비 … 2마리

달걀 … 2개

마늘 … 1쪽

신선한 이탈리안 파슬리 … 8~10줄기

간 숙성된 페코리노 치즈 … 60g

소금

금방 간 흑후추

빨강 또는 노랑색 뿔 모양 파프리카 … 6개 (길이 약 12cm)

드리즐용 올리브 오일

파프리카 안쪽에 소금을 약간 뿌려준다. 손가락으로 빵 혼합물을 파프리카 안에 가득 채운다. 빵 혼합물은 살짝 덜 채우는 것이 좋은데 굽는 과정에서 팽창하기 때문이다.

얕은 베이킹용 그릇에 파프리카를 올려놓고 올리브 오일을 뿌린다. 소금으로 간을 맞추고, 파프리카가 완전히 익고 주름이 생기고, 부드러워지면서 약간 갈색이 나도록 45분에서 1시간 동안 오븐에서 구워준다. 중간에 한 번 이상 뒤집어준다.

따뜻할 때 먹는다.

크루통, 방울 토마토 샐러드

2인분 분량

이 샐러드를 만들 때는 당연히 제철을 맞은 최상급 방울 토마토를 사용하는 것이 좋다. 식료품점에서 구입한 품종의 맛이 떨어진다면, 이 샐러드는 굳이 만들 필요가 없다.

조리법

크루통을 다른 샐러드 재료가 다 들어갈 수 있을 정도로 충분히 큰 그릇에 넣는다. 방울 토마토를 절반으로 자른다. 또는 담을 그릇 바로 위에서 방울 토마토를 손으로 으깨서 토마토즙을 구운 크루통 위에 떨어뜨리고, 그릇에 바로 담는 손쉬운 방법도 있다.

자른 양파가 너무 맵다면 차가운 물에 식초 한 방울을 넣고 10분 정도 담가둔다. 물기를 짜내고(키친타월로 두드리는 방법도 있다), 토마토와 크루통 그릇에 넣는다. 페퍼는 조금씩 넣어주면서 미리 맛을 보면서 조절한다. 민트 또는 바질 잎을 통째로 몇 장 넣고(큰 잎은 적당히 찢어서) 소금으로 간을 한다. 토마토의 산미가 부족하면 식초를 넣는다.

올리브 오일로 샐러드를 드레싱하고 섞는다. 크루통에 토마토 과즙과 오일이 흡수되도록 잠시 기다린다.

재료

크루통 ⋯ 한 줌

잘 익은 레드 방울 토마토 ⋯ 25~30개

적양파 ⋯ 몇 조각 (얇게 썬 것)

말린 핫 레드 칠리 페퍼 작은 것 ⋯ 1개 (씨, 줄기 제거해서 곱게 다진 것)

신선한 민트 또는 바질 잎 ⋯ 몇 장

소금

레드 와인 식초 ⋯ 1~2방울 (선택사항)

올리브 오일

파머스 마켓에서 토마토 구입하기

지난 10여 년간 파머스 마켓을 이용해온 사람이라면, 시장에서 구입 가능한 토마토 품종들이 많이 바뀌었다는 걸 알 것이다. 토마토는 영세 농가에게 중요한 수익원이다. 왜냐하면 토마토는 소비자들이 요리할 필요가 없이 간편하게 먹을 수 있기 때문이다. 시장에 가서 잘 익은 토마토를 구입한 뒤, 적당한 크기로 자르고, 소금으로 살짝 간을 해서 기분 좋게 손님들을 대접할 수 있다.

토마토는 마켓 시즌의 왕이라고 할 수 있다. 그 결과, 더욱 많은 농가들이 비닐하우스를 이용해 토마토 재배 기간을 연장해서, 가장 먼저 시장에 출시하고, 경쟁 농가들의 재고가 소진된 후에도 토마토를 판매하고자 노력하고 있다. 비록 이러한 토마토들이 토마토 본연의 맛과는 거리가 있더라도, 소비자들은 이 여름의 맛을 갈망하기 때문에 구매한다. 경쟁자들과 차별화를 위해 농부들은 이전보다 훨씬 다양한 토마토를 재배하기 시작했다.

제철에 수확하는 신선한 현지 토마토는 생산량이 충분하지 않다. 소비자들은 에어룸 토마토*를 찾거나 적어도 자신들이 구입한 것이 에어룸 토마토이길 원한다. 실제로 대부분의 소비자들에게는 토마토의 품종과 세대, 맛보다는 색상이 더 중요하다. "이 토마토는 노란색인가? 주황색인가? 줄무늬가 있는가? 혹은 폴카도트(Polka-dotted) 품종인가?"

파머스 마켓 판매업자들은 다양한 색상의 토마토를 판매대에 진열해서 소비자들에게 어필하고, 다양한 색상의 토마토를 구비함으로써 에어룸 토마토를 판매한다는 인상을 전달하고자 한다. 그러나 이러한 다양한 품종들은 대부분 맛이 아닌 색상 때문에 선택된 하이브리드 토마토다. 게다가 맛을 고려하는 경우에도 실제로는 에어룸 토마토 중 산미가 적고 달콤한 품종을 대부분의 사람들은 선호한다.

산미와 당도가 적절한 균형을 이루는 토마토들은 어디로 간 것일까? 보기 좋은 레드 방울 토마토는? 물론 이 같은 기본 조건을 충족하는 에어룸 토마토들은 충분히 있다. 여러분이 원하는 종류의 토마토를 마음껏 키워보자. 하지만 나는 토마토를 각각 구매해서 각 품종의 고유한 특성을 즐기고 싶다. 직접 다양한 품종들을 섞어서 먹는 것이 개인적으로 선호하는 방식이다.

* heirloom tomato: 유전자 조작 없이, 원형 그대로의 모습을 유지하고 있는 순종 토마토. '가보'라는 뜻으로 영국에서는 헤리티지(heritage)로도 불린다. 일반 토마토보다 과피가 얇고 부드러운 것이 특징이다.

판코토 알 포모도로

2~3인분 분량

미국인은 대개 적어도 이름만큼은 토스카나 지역의 변형으로 알려진 "파파 알 포모도로(pappa al pomodoro)"라는 이름에 좀더 익숙할 수 있다. 판코토 알 포모도로도 거의 마찬가지인데, 토스카나 지역 주민들은 잘 알려진 무염 빵을 사용한다. 이 요리는 이탈리아 전역에서 다양한 버전으로 찾아볼 수 있으며, 빵과 토마토는 인생에서 가장 완벽한 조화를 이루는 조합 중 하나다. 겨울에는 최상급 통조림 토마토를 사용해 만들 수도 있지만, 신선한 토마토를 사용하는 것이 제일 맛있다.

재료

소금

잘 익은 신선한 토마토 … 2.3kg

올리브 오일

마늘 … 2쪽 (얇게 썬 것)

핫 레드 칠리 페퍼 작은 것 … 1개 (신선한 것 또는 말린 것)
(줄기, 씨를 제거해서 얇게 어슷썰기한 것)

묵은 빵 … 200~250g (크러스트 포함해서 한입 크기로 자른 것)

신선한 바질 잎 … 몇 장

조리법

큰 냄비에 물을 넣고 팔팔 끓인 후 소금을 넉넉히 넣는다. 얼음과 물을 가득 채운 큰 그릇을 준비한다.

잘 드는 칼로 토마토에 X자 모양의 칼집을 살짝 낸다. 한 번에 하나씩 끓는 물에 넣은 후 1~2분 정도 지나면 건져서 얼음물에 재빨리 넣어 식힌다. 조리한 물은 따로 놓아두고 나중에 사용한다. 토마토는 부드러워진 껍질, 씨와 중심 부분을 제거한 뒤 큼직하게 썬다. 그 과정에서 나온 토마토즙은 별도의 그릇에 모은다.

깊은 팬에 기름을 두르고 마늘과 페퍼를 넣고 약한 불로 가열한다. 마늘이 지글거리는 소리가 나기 시작하면 빵 조각을 넣고 버무린다.

토마토 조각과 즙을 넣고 소금으로 간을 맞춘다. 중불로 올려 빵이 완전히 부드러워지고 질감이 촉촉해질 때까지 약 10~20분간 계속 젓는다. 필요에 따라 소금을 추가한다. 바질 잎을 찢어서 팬에 넣고 불에서 내린다.

얕은 그릇에 담고 오일을 뿌린다.

브로콜리 라베 판코토

2~3인분 분량

소박한 수프로 재탄생한 이 변형 레시피는 콩 대신 약간 쓴맛이 나는 녹색 채소를 활용한다. 나는 이 요리를 226쪽에 소개한 '콩을 넣은 판코토'보다 살짝 물기가 많고 되직하게 만드는 편이다.

조리법

큰 냄비에 물을 넣고 팔팔 끓인 후 소금을 넉넉히 넣는다. 얼음과 물을 가득 채운 큰 그릇을 준비한다.

브로콜리 라베를 끓는 물에 몇 분간 데친다. 밝은 녹색을 유지하면서 살짝 씹힐 정도로만 익힌다. 건져 얼음물에 담근다. 남은 물은 채수로 활용하기 위해 따로 놓아둔다. 브로콜리 라베를 건져, 적당히 다진다.

중간 크기에서 큰 소테팬에 기름을 두르고 마늘을 넣은 뒤 중약불로 가열한다. 마늘이 지글거리기 시작하면 페퍼와 빵 조각을 넣고 버무린다. 마늘이 갈색이 되지 않도록 주의하면서, 필요한 경우 따로 준비해둔 채수를 조금씩 넣는다. 국물의 간을 보고 짜다면 물을 넣어 희석시켜 조리를 계속한다.

다진 브로콜리 라베를 넣고 빵과 라베가 팬 안에서 완전히 물에 잠길 정도로 채수(약 4컵)를 넣는다.

불을 약하게 줄인 후 빵이 완전히 부드러워지고 흐물어질 때까지 뚜껑을 열고 약 8~10분간 덩어리를 부숴가며 저어준다. 간을 본다. 농도가 너무 되직하면 채수를 약간 더 넣는다.

얕은 그릇에 담고 오일과 페퍼를 뿌린다.

재료

소금

브로콜리 라베 ··· 1다발 (단단한 줄기 끝부분은 다듬어서)

올리브 오일

마늘 ··· 1쪽 (얇게 썬 것)

핫 레드 칠리 페퍼 작은 것 ··· 1개 (신선한 것, 말린 것 또는 오일에 담긴 것 모두 가능) (줄기를 제거하고 씨를 빼서 곱게 다진 것)

말린 페퍼 작은 것 (같은 방법으로 손질) (서빙용)

묵은 빵 ··· 200~250g (크러스트 포함) (한입 크기로 자른 것)

스터핑

내가 어렸을 때, 추수감사절에 먹는 스터핑*은 페퍼리지 팜 사의 화이트 브레드를 구입해서 조각을 내고, 살짝 수분이 마르도록 밤새 바깥에 놓아두는 요리를 의미했다. 아마 그러했던 것으로 기억한다. 그다음 빵을 셀러리와 양파, 세이지 조금, 그리고 칠면조 목과 내장으로 만든 육수와 섞어서, 요리 직전에 칠면조 안에 채워 넣었다. 버터도 많이 썼을 것이다. 정확한 조리법은 기억이 가물가물하지만 당시에는 이 요리를 정말 좋아했다.

솔직히, 오늘날 내가 사용하는 레시피도 크게 다르지 않다. 단지 차이가 있다면 더 좋은 재료를 사용하는 것뿐이다. 특히 빵에 관해서만큼은 그렇다. 이 책에 수록된 다른 레시피들과 마찬가지로, 빵은 오래될수록 더 좋다. 완전히 마른 상태가 되면 더 많은 액체와 풍미를 흡수하면서도 일정한 질감을 유지하며 무르지 않기 때문이다. 추수감사절 시즌에 많은 베이커리들이 스터핑용으로 묵은 빵 또는 빵 큐브를 만들어 판매한다. 여러분도 좋아하는 베이커리에서 구입하거나 휴일 몇 주 전부터 빵을 모아둘 수도 있다. 질감이 더 거칠어지도록 찢어도 되고, 큐브 모양으로 잘라도 좋다. 단 스터핑을 만들기 전에 반드시 수분이 완전히 마르도록 하는 것이 중요하다.

고급스럽고 특별한 스터핑을 만들든지, 클래식하고 가벼운 스터핑을 만들든지, 기본 원칙은 동일하다. 준비할 재료의 양은 칠면조의 크기 또는 초대한 인원수에 따라 달라진다.

조리법

양파 몇 개와 셀러리 몇 개를 다진다. 버터나 올리브 오일과 버터를 섞은 것, 또는 칠면조 지방 중에서 하나를 선택해 중약불에서 부드러워질 때까지 조리한다. 소량의 세이지 잎과 월계수 잎 또는 타임 가지를 넣을 수도 있다. 약 10분간 향신료가 부드럽고 향기롭게 퍼질 때까지 저어주며 익힌다.

묵은 빵 조각을 넣고 향신료와 기름에 잘 버무린다. 빵을 거의 덮을 정도로 충분히 육수나 물을 붓고 소금과 후추로 간을 맞춘다. 빵이

* stuffing: 고기, 생선, 채소 등의 비워진 내부에 채워 넣는 '소'를 뜻하거나 반찬처럼 사용되는 음식.

부드러워지고 국물을 거의 흡수할 때까지 가끔씩 저어가며 끓인다. 수분이 지나치게 많거나 너무 뻑뻑하지 않게 조절한다. 빵이 부드러워지기 전에 너무 빨리 국물이 없어지면 육수를 추가한다. 소요 시간은 주로 빵이 마른 정도와 크기에 따라 달라진다.

조리가 끝나면 식힌 후 달걀을 추가한다. 조금 여유있게 칠면조 안에 스터핑을 채워 넣거나 버터 바른 베이킹 그릇에 넣은 후 필요한 경우 추가로 버터와 육수를 둘러 촉촉한 상태가 되도록 한다. 하루 동안 구울 수 있게 오븐의 온도를 설정해서 굽거나, 윗면이 황금색이 되고 스터핑에 꽂아둔 온도계가 74℃가 될 때까지 굽는다. (오븐을 약 204℃에 설정해서 1시간 정도 조리).

만약 좀 더 다채로운 스터핑을 원한다면, 위에서 설명한 기본 원칙을 따른다. 고기(소시지, 베이컨, 팬체타 등)를 추가하고 싶다면, 먼저 고기를 볶아 지방을 녹이고 건져낸 후 양파와 셀러리 등을 이 지방으로 볶아주고 필요한 경우 추가로 버터를 넣는다. 익힌 고기를 스터핑 혼합물에 다시 넣은 뒤 칠면조 또는 베이킹 그릇에 넣으면 된다.

버섯이나 밤 등과 다른 재료들은 미리 별도의 팬에서 조리한 후 나중에 스터핑에 넣을 수도 있다.

프리젤레, 양배추, 감자 요리

4인분 분량

이 레시피는 여름에 토마토 토핑을 한 요리에 프리젤레를 추가해 활용하는 훌륭한 방법이다. 양배추와 감자 요리는 누구나 좋아할 것이다. 감자는 유콘 골드 또는 독일 버터볼이 좋다. (독일 버터볼은 크기가 작을 수 있으므로 몇 개를 더 준비한다.) 칼라브리아산 파프리카 파우더는 요리에 훌륭한 풍미를 더해주며 구입할 가치가 있다. 찾기 어렵다면 가능한 최상급 파프리카를 구입하도록 한다. 스페인산 피멘톤도 여기에 사용할 수 있지만, 훈연 처리되어 있으므로 조금만 사용한다. 이렇게 하면 요리의 풍미가 색다르면서도 여전히 기분 좋은 맛을 즐길 수 있다.

조리법

소금물을 넣은 큰 냄비에 감자를 넣고 삶는다. 감자를 삶는 동안 양배추는 단단한 겉잎을 제거한 후 반으로 자르고, 중심부를 버린다. 양배추를 적당한 크기로 썰어놓는다. 감자를 포크로 찔렀을 때 쉽게 잘릴 만큼 부드러워지면(조리 시작 10분 후에 확인해본다) 건져낸 뒤 얼음물을 담은 큰 그릇에 넣어 식힌다. 감자 삶은 물은 따로 놓아둔다.

즉시 같은 냄비에 양배추를 넣고 부드러워질 때까지 5~6분간 끓인다. 얼음 물이 담긴 같은 그릇에 양배추를 옮기고, 삶은 물은 따로 놓아둔다. 감자는 건져서 껍질을 벗겨 접시에 올려둔다.

마늘은 껍질을 그대로 남겨둔 채 손바닥이나 칼의 평평한 면으로 가볍게 눌러서 으깬다. 높이가 얕은 와이드 팬, 깊은 스킬렛, 또는 소테 팬에 페퍼를 넣고 올리브 오일을 살짝 두른다. 좀 더 매콤한 맛을 원한다면, 페퍼를 으깨어 넣어준다.

중불로 올리고 마늘과 페퍼가 오일에서 지글지글 소리를 내며 익기 시작하면 칼라브리아산 빨강 파프리카 파우더, 또는 파프리카 한 큰술, 그리고 채수 한 큰술을 추가한다. 이렇게 하면 파우더가 오일에

재료

노란색 감자 … 중간 크기 3~4개 (총 450~600g) (껍질을 벗기지 않은 것, 가급적 같은 크기로)

소금

사보이 양배추 … 1개 (500~1000g) (중대 사이즈)

마늘 … 2~3쪽 (껍질을 벗기지 않은 것)

말린 레드 핫 칠리 페퍼 작은 것 … 1~2개

올리브 오일

칼라브리아산 빨강 파프리카 파우더 … 1큰술, 또는 최상급 파프리카

페퍼로니 크루스키 … 4~6개 (선택사항)

프리젤레, 말린 러스크, 말린 빵 … 3~4조각

서 타지 않고 쓴맛이 나지 않는다. 잘 섞어준다. 이 혼합물은 빨리 탈 수 있기 때문에 주의해서 조리한다.

얼음물 그릇에서 양배추를 건져 냄비에 넣은 다음, 소금을 살짝 넣고 섞어준다. 양배추에 풍미를 더하고 색을 조금 입히기 위해 몇 분간 끓인다. 감자는 썰어 냄비에 넣는다. 완벽하고 보기 좋게 손질할 필요는 없다. 여기서는 불규칙한 모양이 오히려 좋다. 그저 접시에서 자를 필요 없이 먹을 수 있을 정도로 작게 손질하면 된다. 약간의 소금으로 간을 맞추고 저어준다.

양배추와 감자를 삶았던 채수 맛을 확인한다. 너무 짠 편이 아니라면, 팬에 채수 몇 국자를 떠 넣는다. 너무 짠 경우 물을 넣는다. 하지만 이럴 경우, 요리에 소금을 추가해야 할 수도 있다. 약간은 수프 느낌이 나도록 육수를 넉넉히 넣되, 양배추와 감자가 너무 떠다니지 않을 정도로 넣는다. 뚜껑을 덮고 중약불로 약 30분 정도, 양배추와 감자가 아주 부드러워질 때까지 또는 감자의 전분이 국물을 되직하게 만들어 냄비 안의 모든 재료가 서로 잘 어우러질 때까지 끓인다. 물의 양을 확인하며 필요하면 약간 더 넣는다. 소금으로 간을 맞춘다. 마늘과 페퍼를 건져낸다.

페퍼로니 크루스키를 사용한다면, 기름을 살짝 둘러 고온에서 짙은 색상이 되도록 바삭하게 튀긴다. 키친타월에 올려 기름을 뺀다.

프리젤레 또는 말린 빵을 각각의 그릇에 올린다. 양배추와 감자와 국물을 부어준다. 올리브 오일을 적당량 두르고, 페퍼로니 크루스키를 사용한다면 이때 올린다. 뜨거울 때 바로 먹는다.

페퍼로니 크루스키

페퍼로니 크루스키(단수형: 페페로네 크루스코, peperone crusco)는 주로 바질리카타 지역과 연관되지만, 이탈리아 남부의 칼라브리아, 몰리제, 푸리아, 압루초와 카파니아 등지 전역에서 즐겨먹는 말린 빨강 파프리카다. 전통적으로, 페퍼로니 크루스키는 세니제 페퍼로 만들며, 이 품종은 길쭉하고 진한 풍미를 자랑하는 파프리카로 속이 얇고 수분 함량이 낮은 것이 특징이다. 저장을 위해 말린 후, 줄기와 씨앗을 제거한다(때로는 좀더 드라마틱하게 통째로 사용하기도 한다). 그리고 올리브 오일에 빠르게 바삭하게 튀긴다. 이 페퍼로니 크루스키는 특정한 파스타 요리, 콩, 콩을 넣은 파스타, 감자, 달걀, 소금에 절인 대구와의 클래식한 조합, 다양한 채소 요리 등에서 토핑으로 사용한다. 또한 과자처럼 단독으로 먹기도 한다. 따라서 이 책에 수록된 여러 요리들과 함께 즐기기에 훌륭한 식재료다.

페퍼로니 크루스키는 찾기가 매우 어렵다. 집에서 직접 달걀 크기의 파프리카로 만들 수도 있다. 피망 또는 살이 많은 품종들은 피하는 것이 좋다. 이런 고추들은 말리기가 어려울 뿐만 아니라 좋은 결과물을 얻을 수 없다. 나는 예전에 지미 나델로(Jimmy Nardello) 페퍼를 성공적으로 건조시킨 적이 있다. 비록 맛은 다르지만 어느 정도 유사했다. 페퍼로니 디 세니체(Peperoni di Senise) 품종 씨앗을 구해 직접 재배하거나 사는 지역의 농가에 부탁해볼 수도 있다.

페퍼로니 크루스키를 주문하거나 가까운 곳에서 구입한다면, 패키지를 살펴서 튀겨져 있는 상태가 아닌지 확인해야 한다. 튀겼을 경우, 보관이 특별히 잘 되지 않으면 맛과 향, 바삭함이 일부 손상될 수 있다.

집에서 말린 파프리카를 튀겨 먹으려면 팬에 파프리카 몇 개가 덮일 정도로 올리브 오일을 붓는다. 파프리카의 줄기와 씨앗을 제거하고 원하는 경우 가로 방향으로 절반을 찢는다. 오일을 약 177℃로 가열한다. 파프리카를 조금씩 튀겨낸다. 파프리카가 색이 진하게 변하고 약간 부풀어 오르는 것을 확인하면 된다. 이 과정은 빠르게 진행되며 보통 몇 초 소요된다. 파프리카를 오일에서 건져내 키친타월 위에 올리고 가볍게 소금을 뿌린다. 이 과정은 매우 쉬워 보이고, 실제로도 쉽지만 연습이 필요하다. 오일에 파프리카를 넣는 시간이 조금만 지나도 파프리카가 타고 쓴맛이 나며, 충분히 오래 튀기지 않으면 식힌 후 바삭하지 않고 굳어져 식감이 불쾌해질 수 있기 때문이다. 몇 번 시도하면 마음에 드는 방법을 찾을 수 있을 것이다. 페퍼로니 크루스키는 그대로 먹거나, 다른 요리 위에 토핑으로 활용한다.

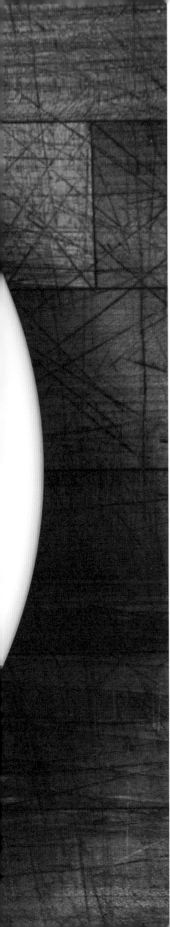

미트볼과 "미트볼"

사람들은 저마다 자신만의 고유한 미트볼 레시피가 있다. 나는 좀 더 많은 미트볼 레시피를 소개할 것이다. 이번 미트볼은 고기가 아니라 빵과 관련 있는 레시피다. 이 레시피는 일반적인 미트볼 재료인 고기가 아닌 빵을 사용해 재료를 더 효율적으로 활용한다.

139

폴페리 디 파네*, 브레드 "미트볼"

2~4인분 분량 (약 20개)

나는 이탈리아 레조디 칼리브리아의 소박한 현지 식당에서 처음으로 빵을 이용한 이 '미트볼'을 알게 되었다. 그 지역의 대부분 식당들처럼, 레스토랑 밖에 세워 둔 표지판에는 '고대의 맛'이란 뜻의 'antichi sapori'와 지역 '특산품'을 의미하는 'prodotti tipici'를 홍보하고 있었다. 이 레스토랑에서는 소박한 프라이드 폴페티에 지역 페코리노, 염지 고기** 슬라이스, 절인 채소, 그리고 양파 프리타타를 곁들여 안티파스티로 제공했다. 레스토랑 자체는 특별히 좋거나 기억에 남는 곳은 아니었지만, 여기서 맛본 브레드 미트볼만큼은 인상 깊게 남아 있다.

일부 요리사들은 자신만의 폴페티에 말린 커런트, 잣 혹은 아몬드를 추가하기도 한다. 이것도 나름 좋은 맛을 내지만, 나는 개인적으로 이처럼 여러 재료들을 넣기보다는 소박한 멋을 살린 레시피를 추구한다. 또 어떤 요리사들은 제빵 믹스를 공 모양으로 굴리는 대신 작은 패티 모양으로 납작하게 눌러서 튀기는 경우도 있다. 이렇게 하면 덜 기름지게 튀길 수 있다. 물론 식감이 다소 차이가 있지만, 두 레시피 모두 훌륭한 결과물이 나온다.

재료

빵 … 150g (딱딱한 묵은 빵이 더 좋다) (가급적 크러스트는 제거)

전지우유 … 400mL (빵이 마른 정도에 따라 양을 조절)

페코리노 치즈 … 125g (단단한 것 사용)

신선한 이탈리안 파슬리 … 한 줌

마늘 작은 것 … 1쪽

달걀 … 1개

소금

금방 간 흑후추

튀김용 올리브 오일

조리법

빵 조각을 믹싱볼에 넣는다. 크기가 특히 큰 조각들이 섞여 있으면, 균일한 크기로 작게 부숴준다 (약 2.5cm 내외).

팬에 우유를 넣고 가열하되, 끓이지 않도록 주의한다. 표면에 막이 생기지 않도록 간간이 저어준다. 우유가 뜨거워지면 불을 끈 후 믹싱 그릇에 넣어둔 빵 위에 부어준다. 한 번씩 뒤섞어서 빵이 모두 잠기도록 해준다. 이렇게 하면 빵에 우유가 고르게 흡수된다.

그동안 치즈를 갈고, 파슬리를 곱게 다지고, 마늘을 저민다. 포크를 이용해서 별도의 그릇에 달걀을 완전히 풀어준다.

* polpetti di pane: 고기가 들어가지 않는 이탈리아 요리방식으로, 브레드볼(breadball)이라고도 불린다.
** cured meat: 소금과 기타 첨가물을 혼합해서 고기를 절인 것.

빵에 우유가 완전히 흡수되었으면 이제는 빵을 한 번 꽉 짠다. 빵 조각들은 부드럽게 유지하되, 흠뻑 젖은 상태가 되면 안 된다. 빵이 덜 부드럽고, 그릇에 우유가 아직 남아 있다면, 우유를 조금 더 데워서 빵에 부어준다. 빵이 부드러워졌지만, 빵을 짰을 때 우유가 계속 나온다면, 다음 단계로 넘어가기 전에 체에 받쳐 우유를 빼준다.

간 치즈, 다진 파슬리, 다진 마늘, 푼 달걀, 빵을 한데 넣는다. 소금과 후추로 간을 하고, 그릇 안에서 반죽 질감이 고르게 될 때까지 치댄다.

손에 물에 살짝 묻힌 후 반죽을 탁구공보다 조금 더 작게 빚어주고, 살짝 기름칠한 팬이나 접시에 놓는다. (또는 키친타월을 깔아놓은 팬 위에 올려서 남은 수분을 흡수시킬 수도 있다.)

팬이나 접시에 키친타월을 깔아둔다. 작은 냄비에 기름을 붓고 가열한다. 기름은 뜨겁지만 연기가 나지 않는 상태다(177~182℃). 브레드볼을 3~4번에 나눠서 금빛 갈색이 될때까지 2분 30초에서 3분 정도 튀긴 다음, 키친타월에 올려서 기름을 뺀다. 폴페티는 식으면서 단단해진다. 기름이 다시 적정한 온도가 될 때까지 1~2분간 기다린다. 다음 브레드볼을 튀긴다.

이 단계에서 그대로 먹거나, 먹기 전에 퀵 토마토 소스를 붓고 살짝 졸인 뒤 먹을 수도 있다.

미트볼

2~4인분 분량 (약 20개)

이 미트볼은 내 가게에서 사람들이 가장 많이 찾는 메뉴다. 내가 만든 미트볼과 다른 사람들이 만드는 미트볼의 다른 점은 대부분의 사람들보다 빵을 많이 사용한다는 것이다. 이탈리아-아메리칸 스타일의 레시피는 보통 빵가루를 고기 반죽에 넣는다. 하지만 나는 일반적으로 고기 대비 적어도 30%는 빵을 사용한다. 빵이 말라 있을수록 수분이 남아 있는 빵보다는 가볍기 때문에, 빵이 말라 있다면 더 많은 양이 필요하다.

재료

묵은 빵 조각 … 135g 이상 (2~3일 된 빵이 좋으며, 속이 부드럽고 크러스트를 제거한 것 말랐지만 어느 정도 신선함을 유지하고 있는 것)

우유 또는 물 … 650mL (빵을 충분히 촉촉하게 만들 수 있는 양, 마른일수록 필요한 양도 많아짐)

간 소고기 … 450g

간 숙성된 페코리노 치즈 … 60g

간 파르미지아노 치즈 … 20g

신선한 이탈리안 파슬리 … 한 줌 (줄기 제거해서 곱게 다진 것)

달걀 … 1~2개

마늘 … 1쪽 (다진 것)

소금

후추

튀김용 올리브 오일, 또는 포도씨유

조리법

먼저, 빵을 작은 조각으로 찢는다. 우유나 물을 끓지 않을 정도로 따뜻하게 데우고, 테두리가 있는 시트팬에 담아둔 빵 위로 부어준다. 빵이 우유를 거의 다 흡수하고, 내용물이 조리하기 편한 온도로 식을 때까지 잠시 기다린다.

빵이 우유를 충분히 흡수하면 스폰지 짜듯 우유를 짜낸다. 미트볼에 불필요한 액체가 남지 않도록 충분히 짠 후, 간 소고기에 빵을 넣고 반죽을 한다. 그다음에는 간 치즈, 파슬리, 달걀, 마늘, 소금, 후추를 넣고 손으로 충분히 반죽한다.

반죽을 잘 섞어 반죽 입자를 고르게 만든다. 작은 덩어리를 떼어내서 중강열로 달군 프라이팬에서 익힌 뒤 간이 잘 되었는지 맛을 보고 필요한 경우 양념을 조절한다.

미트볼 반죽을 탁구공 크기(약 지름 3cm)로 만든다. 손바닥을 물에 적신 뒤 한손의 손가락은 모으고, 다른 손 손바닥을 살짝 구부려 아주 부드럽게 반죽을 굴려준다. 손바닥에는 항상 물기가 있어야 하므로, 작은 물그릇을 옆에 두고 필요할 때마다 손을 적셔 사용하면 편리하다. 미트볼의 표면을 매끄럽게 만든다. 미트볼에 물기가 부족하면 틈이 생겨서, 튀길 때 기름을 더 많이 흡수하게 되어 갈라질 수도 있다.

미트볼 모양을 만든 후 최소 1시간에서 하룻밤 정도 냉장고에 넣어 둔다. (밤새 놓아두면 고기가 약간 산화될 수 있다.)

미트볼을 조리할 준비가 되었으면, 깊은 냄비에 미트볼을 덮을 만큼 기름을 충분히 넣고 177℃까지 가열한다. 미트볼을 약 2~3분간 여러 번 포크 2개를 이용해 부드럽게 뒤집어주며 튀긴다. 이렇게 하면 겉은 바삭하고, 속은 촉촉한 갈색 미트볼이 완성된다.

다 튀겨진 미트볼을 건진 다음 기름이 적정 온도로 오를 때까지 기다려, 다음 미트볼을 튀긴다. 미트볼을 건진 후 키친타월 위에 올려 놓고 기름을 뺀다. 퀵 토마토 소스와 함께 먹는다

퀵 토마토 소스

약 2와 1/2컵 분량

이 레시피에서는 이탈리아산 브랜드 구스타로쏘 토마토 통조림을 사용했으며 회사 홈페이지 Gustiamo.com에서 구매할 수 있다. 각자 선호하는 토마토 제품을 사용하면 된다.

조리법

소테팬을 올리브 오일로 가볍게 코팅한다. 마늘을 넣고 약불에서 천천히 온도를 올려 마늘을 태우지 않으면서 고유의 향이 나도록 한다.

마늘이 지글거리기 시작하면 페퍼와 토마토 통조림 액체 일부를 넣는다. 토마토를 팬에서 손으로 으깨서 넣은 후 소금으로 간을 하고 바질을 넣는다. 중강불로 올리고, 팬을 뚜껑을 일부만 덮은 후 대부분의 토마토 덩어리가 잘게 부서지고 소스가 걸쭉해질 때까지 약 6~8분간 끓인다.

재료

올리브 오일

마늘 작은 것 … 1쪽 (얇게 썬 것)

핫 레드 칠리 페퍼 작은 것 … 1개 (말린 것 또는 신선한 것)
(줄기를 다듬어서 씨를 빼고 잘게 다진 것)

고품질의 통 토마토 통조림 … 360g

소금

신선한 바질 잎 … 1~2장

폴페티 디 볼리또,
또는 삶은 비프 미트볼

30~40개 분량

나는 삶은 비프 미트볼을 로마에 위치한 가브리엘레 본치의 멋진 피자리움에서 처음 맛봤다. 피자리움에서 수플리나 폴페티를 너무 많이 먹어서 정작 피자를 즐기지 못해 아쉬웠지만 이 메뉴들은 정말 훌륭하고 그럴 만한 가치가 있다. 집에서도 충분히 만들 수 있으며 여기서 소개한 레시피로 초대한 손님을 대접할 수 있다.

역사적으로도 이 메뉴는 육수를 만든 후 남은 고기를 사용하거나, 삶은 고기 남은 것을 활용하기 위한 레시피였다.

재료

소고기 준비하기:

소금

양파 큰 것 … 1개 (껍질 벗긴 것) (통 정향 몇 개를 끼운 것)

당근 … 2개 (깨끗이 씻어서 반으로 자른 것)

셀러리 … 1줄기 (반으로 자른 것)

월계수 잎 … 1장

신선한 이탈리안 파슬리 가지 … 여러 개

통 흑후추 … 몇 알 (선택사항)

소고기 양지머리, 어깨 또는 다리 부위 … 약 1.75kg
    (손질 필요 없음)

미트볼 준비하기:

묵은 빵 … 약 200g (크러스트를 제거한 것. 수분이 말랐지만 그럼에
    어느 정도 탄력이 남아 있는 것)

우유 … 420mL

모르타델라 … 약 100g (곱게 다진 것)

감자 중간 크기 … 약 350g (껍질을 벗기고 삶아서 굵게 으깬 것)

이탈리안 파슬리 … 1다발 (줄기 제거하고 곱게 다진 것)

마늘 … 1쪽 (다진 것)

곱게 간 파미지아노 레지아노 치즈 … 75g

곱게 간 숙성된 페코리노 치즈 … 75g

달걀 … 3개 (풀어서)

→

조리법

소고기 준비하기: 큰 냄비에 고기와 채소가 잠길 정도로 충분히 물을 넣는다. 물에 소금을 살짝 뿌린 다음 양파, 당근, 셀러리, 월계수 잎, 파슬리, 그리고 필요하면 후추를 넣고 끓인다. 고기를 넣은 뒤 불을 줄이고 거품을 걷어낸다. 고기와 채소는 물에 잠길 정도로 양을 조절하고, 필요하면 물을 추가한다. 뚜껑을 열어두고 고기가 포크로 쉽게 찢어질 정도로 부드러워질 때까지 삶는다. 고기의 종류와 화력에 따라 2시간 이상 걸릴 수 있다. (필요할 때마다 거품을 걷어낸다.) 불에서 내려서 채소와 향신료를 건져낸 후, 고기를 건지지 않고 그대로 조금 식힌다.

미트볼 준비하기: 빵을 내열용 그릇에 담는다. 소스팬에 우유를 끓지 않을 정도로만 데운 후 빵 위에 부어준다. 빵이 우유를 최대한 흡수할 수 있도록 여러 번 나눠서 부어주며, 나무 스푼이나 손으로 빵을 으깬다.

고기가 온기가 남아 있지만 손질할 수 있을 정도로 식으면 건져서 큰 그릇에 옮긴다. 포크나 손으로 고기를 적당히 찢어준다. 육수는 따라버린다. 모르타델라와 으깬 감자를 섞어준다. 혼합한 고기와 감자의 절반 정도를 푸드 프로세서에 작게 나눠서 넣어 곱게 다진 다

음, 나머지 고기와 함께 큰 그릇에 다시 넣는다. 이렇게 하면 고기가 잘 뭉쳐지고 요리의 색감도 한층 화사해진다.

파슬리, 마늘, 치즈, 달걀, 레몬 제스트를 넣는다. 빵은 우유를 짠 다음 그릇에 넣는다. 소금, 후추, 넛맥 적당량(소량으로 충분함)으로 간을 맞춘다. 손으로 충분히 골고루 섞이도록 한다. 맛을 보고 필요하면 간을 조절한다.

미트볼 만들기: 깊은 냄비에 기름을 넣고 177℃로 달군다.

밀가루, 푼 달걀, 빵가루를 각각 다른 접시에 준비한다. 미트볼 반죽을 탁구공 크기(지름 약 3cm)로 만들거나, 약 2cm 두께로 지름 약 6~8cm인 패티, 또는 길이 약 8cm, 폭 4cm의 길쭉한 형태로 만든다. 밀가루에 넣고 고루 굴려서 가루를 입힌다. 푼 달걀에 담갔다가 뺀 다음 빵가루를 고루 입힌다. 빵가루가 골고루 묻도록 굴리는 한편, 미트볼 모양이 흐트러지지 않게 주의한다. 남은 빵가루는 흔들어 털어낸다. 2~3분 동안 여러 번에 나눠 튀긴다. 포크를 2개 사용해 미트볼을 뒤집어주며, 미트볼이 황금색으로 고루 바삭해질 때까지 튀긴다. 다 튀겨진 미트볼을 건진 다음, 기름이 적정 온도가 되면 다음 미트볼을 튀긴다. 건진 미트볼은 키친타월을 깐 접시에 올리고 기름을 뺀다.

기호에 따라 레몬 웨지와 함께 낸다.

→

금방 간 레몬 제스트 … 1개분

소금

금방 간 흑후추

금방 간 넛맥

반죽 만들기

튀김용 오일

밀가루

푼 달걀

곱게 간 구운 빵가루 … 225~300 g

레몬 웨지 (서빙용) (선택사항)

리코타 "미트볼"

26~30개 분량

이 미트볼 레시피는 고기가 전혀 들어가지 않는데, "덤플링("폴페티"를 영어로 번역한 것)"이라고 부르기에 다소 어색하게 느껴진다.

리코타의 사전적 의미는 "재조리한 음식"이라는 뜻으로 다른 치즈를 만드는 과정에서 남은 유청로 만든 치즈다. 이탈리아식 리코타는 미국 대부분의 식료품점에서 판매하는 전지우유 또는 부분 탈지 리코타와 비교해서 가벼운 질감과 섬세한 맛이 특징이다. 내가 사용하는 리코타는 카푸토 브라더스 크림머리사의 제품인데, 내가 아는 한 시중에서 판매하는 몇 안 되는 전통 방식의 유청 기반으로 생산된 리코타 제품 중 하나다. 또 다른 방법은 근처의 치즈 장인을 찾아서 친분을 쌓고 전통 방식의 유청 리코타를 제조하도록 설득하는 것이다. 만일 전지우유 또는 부분 탈지 리코타만 구할 수 있는 경우라면, 직접 만들 수도 있지만 더 좋은 선택지가 있다.

리코타 미트볼을 간단한 토마토 소스에서 익혀 먹는 것이다. 만일 기호에 맞는다면 홈메이드 치킨 육수에 넣고 수란 방식으로 익혀서 수프로 먹을 수도 있고, 밀가루, 푼 달걀을 바르고 빵가루를 묻힌 뒤 튀겨서 그대로 먹는 것이다.

재료

묵은 빵 … 85g (크러스트를 제거한 것)

전지우유 … 200mL

리코타 치즈 … 250g

달걀 … 1개

간 숙성 페코리노 치즈 … 20~30g

잘게 다진 이탈리안 파슬리 … 몇 줄기

곱게 간 구운 빵가루 … 300g (159쪽 참조)

소금

트레이 또는 팬에 두를 오일

퀵 토마토 소스 (148쪽 참조) … 235~475mL, 또는 다른 간편 토마토 소스

조리법

그릇에 빵을 찢어서 넣는다. 작은 팬에 우유를 넣고 끓지 않을 정도로 데운다. 데운 우유를 빵 위에 붓고 눌러서 우유가 최대한 빵에 흡수되도록 한다.

다른 그릇에 리코타, 달걀, 취향에 따라 페코리노, 파슬리도 함께 섞어준다.

빵이 부드러워지고 우유를 모두 또는 대부분 흡수하고, 완전히 식으면, 남은 우유를 짜낸다. 우유에 젖은 빵을 리코타 반죽에 넣고 합친다. 만일 반죽이 너무 묽고 물기가 많다면, 반죽이 어느 정도 단단해질 때까지 고운 빵가루를 조금씩 추가한다. 반죽에 물기가 너무 많으

면 공 모양으로 빚기가 어렵지만, 너무 뻣뻣해도 좋지 않다. 부드러울수록 좀더 식감이 가벼운 미트볼을 만들 수 있다. 추가로 넣은 빵가루가 남은 물기를 흡수하기 때문에 다루기가 쉬워지지만, 자칫 완성된 미트볼에 수분이 부족해서 무거워질 수가 있다. 여러 번 만들어보면 적절한 질감을 가늠할 수 있을 것이다.

소금으로 간을 맞춘다. 반죽 그릇에 뚜껑을 덮어 약 1시간 동안 냉장고에서 숙성시킨다. 냉장하는 동안 반죽이 약간 단단해지므로 빵가루를 추가할 때 이 점을 염두에 두고 양을 조절한다. 차갑게 놔둔 반죽은 서로 끈끈하게 잘 붙는다.

트레이 또는 시트팬에 오일을 살짝 바른다. 손을 적실 수 있는 작은 물그릇을 가까운 곳에 준비한다. 리코타 반죽을 직경 2.5~4cm의 작은 공모양으로 26~30개 정도 빚어서 조리할 준비가 될 때까지 트레이에 올려둔다.

필요에 따라 여러 번 나눠서 조리한다. 만들어둔 리코타 볼을 토마토 소스(약불)에 약 10~12분간 담가서 완전히 익힌다. 잠겨 있던 리코타 볼이 위로 떠오르면 만졌을 때 단단한 질감이 느껴질 것이다.

따뜻할 때 먹는다.

CRU

MBS

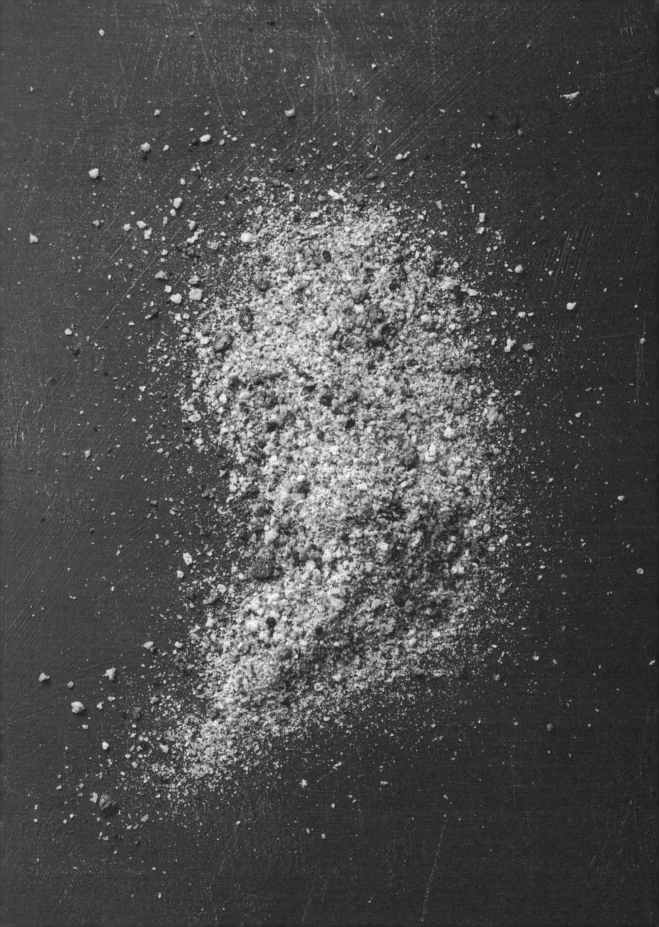

———

베이커리에서 품질이 좋은 빵가루*를 사는 것, 나쁜 빵가루를 구입하는 것 또는 가정에서 직접 빵가루를 만드는 것 사이에는 상당한 차이가 있다. 실제로 이 세 가지 경우, 질감과 맛에서 상당히 차이가 난다. 좋은 빵에 기꺼이 돈을 쓸 의향이 있다면, 직접 빵가루를 만드는 것이 좋다. 직접 만들지 않는다면 평소에 빵을 구입하는 베이커리의 장인이 만든 빵가루만 구입하는 것이 좋다. 빵가루는 몇 주 전에 미리 만들어둘 수도 있고, 저녁을 준비하는 동안에도 만들 수 있다.

빵가루는 주방에서 가장 간편하게 활용할 수 있는 유용한 재료이며, 다양한 레시피의 기본 재료로 활용할 수 있다. 빵가루를 만드는 기본 원칙은 큰 빵 덩어리를 작게 만드는 것이다. 최상의 방법은 사용하는 빵의 특성과 필요한 빵가루의 종류와 양에 따라 각기 다르다.

이 장에서 소개하는 빵가루 레시피에서는 완전히 건조시킨 빵으로 만든 이탈리아식 빵가루인 '판그라타토(pangrattato)'를 사용할 것이다.

* bread crumbs: 빵 부스러기나 빵가루를 뜻함. 여기서는 빵가루로 통일한다.

기본 빵가루

튀김 전용

만일 빵이 아주 오래되지 않았고, 아직 빵속이 살아 있는 상태라면, 그릇 위에 구멍이 큰 강판을 걸쳐 놓고 갈아준다. 이렇게 하면 가볍고, 다양한 빵의 질감을 즐길 수 있다. 만약 빵이 부드럽고 충분히 건조되지 않았다면, 미세하게 갈 수 있는 마이크로플레인* 강판을 사용할 수 있다. 이렇게 하면 튀기기 전, 음식에 묻히기 적당한, 입자가 매우 작은 빵가루를 만들 수 있다.

만일 빵이 매우 단단하다면, 조각으로 부수거나 자른 다음, 푸드 프로세서에서 넣고 펄스를 작동시켜 원하는 균일한 크기로 만든다. 하지만 이 작업은 여러 번에 나눠서 진행하는 것이 좋다. 양을 적게 해서 빵가루를 만들고, 완성되면 모두 꺼낸다. 이 방법은 빵가루가 잘게 부숴지면 새로 추가해서, 빵가루의 크기가 각기 달라지는 방식과는 정반대다. 이 방법은 강판을 사용하는 것보다 신속하고, 빵가루를 대량으로 만드는 데 유용하다. 블렌더를 사용해도 좋다.

빵이 완전히 건조되었다면, 절구에 넣고 빻거나 천 조각에 넣고(두꺼운 비닐백도 가능하지만, 찢어질 수 있으니 주의할 것) 밀대, 고기 망치 또는 사용 가능한 둔탁한 도구로 두드려서 만들 수 있다.

다양한 용도에 활용할 수 있는 크기가 각기 다른 빵가루를 만들기 위해 체로 걸러낼 수도 있다.

* microplane: 전 세계적으로 널리 사랑받는 프리미엄 강판 브랜드. 국제 특허를 받은 기법으로 정교한 커팅이 가능한 강판을 생산한다.

구운 빵가루

파스타 또는 조리한 음식의 토핑용

재료

빵 … 1/4덩어리, 1/2덩어리,
또는 덩어리를 활용한 모든 형태의 빵을 기본
재료로 158쪽에 소개된 레시피를 활용해서
빵가루로 만든 것

올리브 오일

조리법

오븐을 약 177℃로 예열한다.

빵가루를 바닥이 평평한 베이킹 시트에 얇게 한 겹으로 펼쳐놓는다. 빵가루 전체에 고르게 오일을 살짝 뿌린 후, 축축하지 않고 마른 질감이 되도록 섞어준다.

빵가루를 몇 분 동안 고루 갈색으로 될 때까지 잘 저으며 구워준다. 계속해서 빵가루가 보기 좋은 빨간빛이 도는 갈색으로 바뀔 때까지 주의깊게 지켜보며 굽는다. 약 5~10분 정도 소요된다. 다 구워지면 즉시 그릇에 옮겨 담는다.

또 다른 방법으로는, 주철 또는 논스틱 프라이팬을 중불로 예열한다. 팬이 뜨거워지면 오일을 얇게 두른 뒤 빵가루를 넣어준다. 빵가루가 원하는 색으로 구워질 때까지 자주 저어준다. 키친타월이 깔린 그릇에 옮겨서 기름을 제거하며 식힌다.

구운 빵가루가 다 식으면 밀폐용기에 보관하고 필요할 때 사용한다. 이렇게 저장하면 최소 몇 개월간 사용할 수 있다.

파스타

많은 사람들이 이탈리아를 이야기할 때 파스타와 파스타 소비 문화를 연결시킨다. 하지만 이러한 음식 문화는 근대에 와서야 본격적으로 형성된 것이다. 19세기 후반에서 20세기 초반까지 이탈리아인은 오늘날과는 다른 방식으로 파스타를 먹었다. 사실 그 당시에는 빵이 매 끼니에 오늘날의 파스타와 같은 역할을 했고, 오늘날에도 이러한 식문화는 여전히 곳곳에 남아 있다.

파스타와 빵은 밀의 보존이라는 관점에서 동전의 양면이라 할 수 있다. 밀은 유통 기한이 있는 농작물이기 때문에, 밀을 더 효과적으로 섭취할 수 있는 방법을 고민해야 했다. 그렇다면 밀을 제분해서 식재료로 보존할 수 있는 방법이 무엇일까? 한 가지 가능한 방법은 바로 상온에서도 오랫동안 상하지 않는 파스타로 만드는 것이었다.

나는 개인적으로 약간의 발품을 팔더라도, 이탈리아 건파스타의 고장인 그라냐노의 전통 방식에 따라 생산된 베네데토 카발리에리 또는 파에야와 같은 파스타 브랜드의 제품을 추천한다. 이 회사들은 100년 이상의 전통을 자랑하며 (주로) 우수한 품질의 듀럼밀 품종을 사용한다. 그리고 완벽한 파스타 제조와 건조 방식을 지키기 때문에, 빵이 구워질 때와 같은 달콤한 견과류 향이 난다. 또한 질감도 더 단단한데, 좀더 기분 좋게 씹히는 맛이 있다. 좋은 파스타일수록 더 많은 구멍이 뚫려 있는데, 이 구멍은 소스가 면에 잘 묻도록 도와준다. 이 제품들은 가격이 한 묶음당 약 10달러일 것이다. 이 파스타 한 묶음이면 4~6인분 요리가 가능하다. 여러분이 식사를 대접하는 사람들에게 한 접시당 2.50달러 정도의 가치가 충분히 있는가? 특히 이렇게 맛있는 파스타인 경우에는 물론 그러하길 바란다.

파스타 조리 시 몇 가지 주의사항: 파스타는 알덴테로 삶는다. 상황에 따라 170쪽의 로마네스코 레시피처럼 과감히 리조토 스타일로 삶는다. 파스타 삶은 물은 버리지 말고 그대로 둔다. 파스타 삶은 물을 소스에 넣을 때는 소스 농도가 갑자기 묽어지지 않도록 천천히 조금씩 넣어야 하며, 소스가 파스타에 골고루 잘 묻을 수 있도록 시간을 충분히 들이는 것이 중요하다.

여기서 빵가루가 파스타에 추가되는 레시피는 몇 개에 불과하지만, 사실 이 재료들은 그 조합의 가능성이 무궁무진하다.

빵가루, 건포도 파스타

2인분 분량

풍미, 달콤함, 매콤함, 오일의 매끄러움, 바삭함, 이처럼 다양한 맛과 식감을 선사하는 이 시칠리아풍 파스타는 단순하면서도 절제미가 있지만, 건포도가 달콤한 한방을 선사한다.

조리법

큰 냄비에 물을 끓이고, 소금을 넉넉히 넣는다. 끓는 물 약 1/4컵을 건포도 위에 부어 건포도를 불리고 부드럽게 만든다. 그리고 스파게티를 끓는 소금물 냄비에 넣는다.

한편, 마늘을 얇게 편썰어 준비하고, 페퍼를 잘게 다진다. 팬에 올리브 오일을 조금 두르고 마늘을 넣고 약불로 가열한다. 마늘이 기름에 살짝 지글거리기 시작하면, 손질한 페퍼를 넣고 건포도와 건포도가 담겨 있던 물도 함께 추가한다.

스파게티가 거의 익었을 때 조리용으로 쓸 물 약간만 남기고 버린다. 면을 팬에 넣고 강불에서 건포도와 함께 버무려주고, 스파게티 삶은 물을 필요한 만큼 조금씩 추가하면서 알덴테로 익힌다. 소금으로 간을 한 뒤 올리브 오일을 약간 뿌려주고 구운 빵가루를 넣어 함께 섞는다. 기호에 따라 파슬리 잎을 몇 장 넣는다. 테이블에 추가로 빵가루를 함께 곁들인다.

재료

소금

골든 건포도 … 20g

스파게티 건면 … 100g

마늘 … 1쪽

말린 핫 칠리 페퍼 작은 것 … 1개 (줄기와 씨 제거한 것)

올리브 오일

구운 빵가루 … 250g (서빙용 별도) (159쪽 참조)

신선한 이탈리안 파슬리 (선택사항)

건포도

품질 좋은 건포도를 구입해보자. 모든 건포도가 동일한 방식으로 만들어지는 것은 아니다. 사실, 수많은 건포도들이 철저히 산업적인 공정을 통해 생산되며 방부제와 설탕이 첨가된다. 반면 어떤 건포도는 좀더 느리고 자연적인(물론 가격은 좀더 비싸지만 그만한 가치가 있음) 과정을 거쳐 생산된다. 좋은 건포도는 매트 또는 트레이 위에서 올려놓고 야외에서 직사광선 아래(그늘에서 건조시키는 경우도 있음) 건조된다. 하지만 이런 방식은 습도가 높지 않고 적절한 장소와 기후 조건이 충족되는 곳에서만 가능하다. 시칠리아산 지비보(zibibo) 건포도는 우수한 품질을 자랑하는 품종이다. 씨앗이 포함되어 있지만, 먹을 수 있으며, 이 식감이 싫다면 제거하면 된다. 나는 개인적으로 씨앗이 든 채로 먹는 걸 선호한다. 서부 아프가니스탄의 헤라트(Herat) 건포도도 품질이 매우 우수하다. 하지만 지비보 건포도와는 풍미와 색상이 전혀 다르다. 헤라트 품종은 약간 더 달콤하고 녹색을 띠고 있다. 운이 좋으면, 수입 식료품점에서 이 건포도들을 찾아볼 수도 있다.

건포도 구매 시 주의할 점: 최상품 건포도를 구입하고 싶어도 특별 주문을 하지 않는 이상 현실적으로 찾기 어려울 수 있다. 이런 경우에는 유기농 건포도가 대안이 될 수 있다. 대부분의 건포도가 보존제로 처리되고 설탕물에 삶아서 만들어지는 것과는 달리, 유기농 건포도는 좀더 말렸기 때문에 크기가 작다. 여러분이 찾은 건포도에 성분이 두 가지 이상 포함되어 있다면 구매하지 않는 것이 좋다. 품질이 좀더 우수한 건포도를 찾아보자.

빵가루, 앤초비 파스타

2~3인분 분량

남부 이탈리아에서는 수많은 파스타 요리에 치즈 대신 또는 치즈와 함께 구운 빵가루를 토핑으로 얹는다. 이는 일부 가정에서 치즈를 구입할 여유가 없거나, 이미 가지고 있는 치즈를 좀더 다양하게 활용하고 싶을 때, 빵가루를 사용했다는 의미다.

각자의 재정 상태와는 상관없이, 파스타 위에 빵가루를 올리면 환상적인 맛이 탄생한다. 치즈만으로는 얻기 어려운 특별한 그 식감을 빵가루가 제공하기 때문이다.

재료

마늘 … 1쪽

소금에 절인 통 앤초비 … 2마리

소금에 절인 케이퍼 … 15g

오일에 절인 블랙 올리브 … 12개

신선한 이탈리안 파슬리 … 조금 (선택사항)

소금

스파게티 건면 … 250g

올리브 오일

말린 레드 핫 칠리 페퍼 작은 것 … 1개 (다진 후 씨를 제거한 것) (고추가루로 대체 가능)

구운 빵가루 … 200g (테이블 위에 추가 제공용 별도) (159쪽 참조)

조리법

큰 냄비에 물을 끓인다. 마늘 1쪽을 손바닥으로 눌러서 으깬다(또는 칼의 평평한 면으로 눌러으깬다. 각자 편한 방식으로 손질한다).

소금에 절인 앤초비를 흐르는 물에 헹군 뒤 엄지 손가락으로 앤초비의 배를 부드럽게 열어 안에 남아 있는 소금과 내장을 제거한다. 뼈와 지느러미를 제거한 후, 살코기를 분리하고 키친타월 위에 올려서 물기를 제거한다.

케이퍼를 흐르는 물에 헹군 다음, 물을 담은 작은 그릇에 넣는다.

올리브는 씨를 제거하고, 파슬리를 사용한다면 곱게 다진다.

물이 팔팔 끓기 시작하면, 소금을 넉넉하게 넣고 스파게티를 넣는다. (나는 항상 파스타를 삶을 때 거의 바닷물처럼 느껴질 정도로 소금을 아주 넉넉하게 넣는다. 단, 이 파스타 레시피에서처럼 소스에 들어간 재료 자체에 소금이 많이 포함된 경우, 소금의 양을 약간 줄이기도 한다.)

팬 바닥에 올리브 오일을 얇게 두르고, 마늘과 페퍼를 넣고 중불로 가열한다. 마늘이 지글지글 끓으면서 금빛 갈색으로 변하기 시작하면(약 1분 정도 소요), 앤초비, 케이퍼, 올리브를 넣는다. 스파게티 삶은

물을 약간 넣고 앤초비가 부서질 수 있도록 저어준다. 팬을 불에서 내리고 마늘과 페퍼를 건져낸다.

스파게티의 삶은 정도가 원하는 정도보다 살짝 더 단단한 상태에서, 면을 건지고 파스타 물은 조금 남겨둔다. 팬을 중불로 달구고 스파게티를 넣는다. 남겨둔 스파게티 삶은 물의 절반을 부은 뒤, 끓어오르면 다른 재료들과 함께 스파게티를 버무린다(너무 축축해지지 않도록 주의한다). 물이 거의 없어지고 스파게티가 알덴테 상태로 익으면(이 두 가지가 동시에 발생하는 것이 가장 이상적인 조리 상태), 불을 끄고 구운 빵가루와 약간의 올리브 오일, 그리고 파슬리(사용한다면)를 넣고 골고루 섞어준다. 기호에 따라 테이블에 추가로 빵가루를 곁들인다.

167

빵가루, 컬리플라워 파스타

2~3인분 분량

조리법

큰 냄비에 물을 팔팔 끓인 후 소금을 넉넉히 넣는다. 컬리플라워를 냄비에 넣고 부드러워질 때까지 5~6분간 삶는다. 컬리플라워를 건져서 그릇에 옮기고, 이때 삶은 물도 몇 큰 술 부어준다. 냄비물을 다시 끓이고 여기에 파스타를 넣고 삶는다.

파는 흰 부분만 얇게 썰어둔다. 팬에 올리브 오일을 두르고 썰어둔 파를 넣고 중불로 천천히 가열한다. 색이 변하지 않도록 주의하며 부드럽고 달콤하게 약 5분간 익힌다. 건포도의 물기를 제거한 후, 잣과 함께 팬에 넣어 볶아준다. 1~2분간 익힌 후, 여기에 토마토 페이스트를 넣는다. 삶은 컬리플라워와 파스타 삶은 물을 몇 스푼 넣고 잘 뒤섞는다. 토마토 페이스트가 잘 섞이도록 저으면서 나무 순가락으로 컬리플라워를 으깨준다.

파스타가 익기 직전에 파스타를 팬으로 옮긴다. 불을 강불로 올리고 컬리플라워 소스와 잘 섞어주면서 몇 분 더 익힌다. 이 과정에서 필요에 따라 파스타 삶은 물을 조금씩 추가해준다. 완성된 요리는 꾸덕하고, 파스타에 컬리플라워와 잣이 잘 붙어 있는 상태.

불에서 내려 소금으로 간을 맞추고 후추를 뿌린 후 올리브 오일을 가볍게 두른다. 구운 빵가루를 올린다. 완성된 파스타의 색감이 다소 아쉽다면, 파슬리 잎을 몇 장 올리면 훨씬 먹음직스럽게 연출할 수 있다.

재료

소금

컬리플라워 꽃 부분 작은 것 ⋯ 450g (큰 꽃모양 조각 단위로 다듬어서 분리)

치티 또는 카자레체와 같은 숏 파스타 건면 ⋯ 200g

파 ⋯ 1개 (뿌리 끝부분 다듬은 것)

올리브 오일

골든 건포도 ⋯ 25g

잣 ⋯ 25g

토마토 페이스트 ⋯ 작은술 (스트라뚜)

금방 간 흑후추

구운 빵가루 ⋯ 75~100g

신선한 이탈리안 파슬리잎 (선택사항)

잣

미국의 대부분 식료품점에서 구할 수 있는 잣은 러시아, 시베리아, 북한에서 재배되며 중국에서 가공되는 경우가 많다. 이런 잣은 품질이 매우 나쁘다. 나는 미국에서 신선하고 품질 좋은 중국산 잣을 본 적이 거의 없다고 확신한다. 그런데 많은 사람들이 이것을 잣 본연의 맛이라고 인식하고 있다. 품질이 낮은 잣을 먹으면 입안에서 쓴맛과 금속맛이 느껴지며, 먹은 후 며칠간 미각 이상이 발생하는 이른 바 "잣 증후군(pine nut mouth)"에 걸릴 수도 있다. 신선한, 품질 좋은 잣은 정말 맛이 훌륭하지만, 가격이 비싼데다 찾기도 어렵다.

잣을 수확하고 가공하는 데는 노동력이 상당히 필요하다. 일부 국제 시장에서는 솔방울이 붙은 상태로 잣을 판매하기도 한다. 이런 상태의 잣을 찾을 수 있다면 구입하는 것이 좋다. 왜냐하면 소량의 잣을 얻기 위해 껍질을 까는 힘든 작업을 직접 해보면, 그 재료에 대해 새롭게 이해하고 감사하는 마음을 느낄 수 있기 때문이다.

가능하다면 지중해 지역에서 생산된 잣을 찾아보자. 이 잣은 일반적으로 중국산 잣보다 모양이 길쭉하며 맛도 좋다. 잣이 생산되는 잣나무 종류는 사실 미국의 여러 지역에서 잘 자란다. 하지만 심는 순간부터 첫 수확까지 무려 15년 정도가 걸린다. 미국의 젊은 농부들이 이런 작물 재배에 관심을 가지고 뛰어들 필요가 있다. 장기적으로는 결국 큰 수익을 올릴 수 있기 때문이다.

만약 여러분이 살고 있는 지역에서 지중해산 잣을 구할 수가 없고 인터넷 주문이 꺼려지거나 이 식재료에 돈을 쓰고 싶지 않다면, 다른 종류의 견과류로 대체하도록 하자. 개인적으로 아몬드나 호두를 사용했을 때 좋은 결과물을 얻을 수 있었다.

그렇지만 어떤 종류의 견과류를 구입하든 가장 최근에 수확된 것을 찾고, 언제 어디서 수확되었는지 정보를 투명하게 알려주는 판매처에서 구입해야 한다.

로마네스코 컬리플라워, 앤초비, 빵가루 파스타

2~4인분 분량

사실, 이 방법은 항상 선호되는 조리방식은 아니지만, 나는 이 요리와 다른 일부 파스타를 리조또 스타일로 즐겨 조리하기도 한다. 컬리플라워는 푹 익어서 형체가 거의 없이 소스가 되며, 파스타에서 우러나온 녹말이 특히 부드럽고 크리미한 식감을 선사한다. 만약 사용 가능한 버너가 하나뿐인 상황이라면, 이러한 파스타 조리법이 매우 유용할 것이다. 이 레시피대로 파스타를 조리해서 빵가루를 약간 곁들이면 색다른 식감을 즐길 수 있다.

조리법

컬리플라워 머리 부분을 다듬고, 아주 작은 꽃다발 모양 또는 조각으로 자른다.

물 4컵을 끓인 후 소금을 약간 넣는다 (모두 사용하지 않을 수도 있음).

넓은 팬에 올리브 오일을 두르고 얇게 썬 마늘을 넣는다. 페퍼를 부숴 넣는다.

중불로 온도를 높인다. 마늘이 지글거리기 시작하면, 앤초비 살코기를 추가하고 뜨거운 오일에 부숴지도록 볶아준다. 마늘이 갈색이 되거나, 앤초비가 타지 않도록 주의한다. 국물이 너무 졸면, 물을 한 큰술 넣는다.

컬리플라워를 넣고 잘 섞은 다음 뚜껑을 덮어준다. 향긋한 오일로 컬리플라워를 익히는 한편, 갈색으로 변하는 것을 방지하기 위해 꼭 필요한 경우 물을 한 순갈씩 넣어준다. 가볍게 소금을 뿌리고, 컬리플라워가 부드러워지면 나무 스푼으로 일부를 팬 안에서 으깨어 가면서 볶아준다.

재료

로마네스코 컬리플라워 작거나 중간 크기 … 약 300~500g

소금

올리브 오일

마늘 … 1쪽 (얇게 편으로 썬 것)

말린 핫 레드 칠리 페퍼 작은 것 … 1개, 또는 크러시드 핫 레드 페퍼

앤초비 살코기 … 2~4개 (가능하면 소금에 절인 것을 물에 헹궈 사용)

숏 파스타 건면 … 200g (메쩨 마니체, 리가토니, 또는 파스타 미스타 등. 여러가지 모양의 파스타를 믹스해서 부숴 사용 가능)

간 숙성 페코리노 치즈 … 1컵, 또는 덩어리로 100g

구운 빵가루 … 100g (중간 정도 또는 적당한 크기로 간 것) (159쪽 참조)

컬리플라워가 부드럽게 완전히 익으면(약 20분 소요), 뚜껑을 열고 파스타를 넣어서 잘 섞어준다. 불을 높여서 계속 저어준다. 파스타가 약간 끈적거리기 시작하면 물을 한 국자 넣어서 파스타를 풀어주고 팬 바닥을 긁어준다. 계속 저어주며 때로는 팬을 살짝 흔들어준다. 파스타가 물을 흡수해 줄 때마다 물을 조금씩 추가한다. 재료들은 팬 안에서는 뻑뻑하지 않을 정도로 충분히 축축한 상태여야 하지만, 죽처럼 되지 않을 정도로 조리한다. 실제로 파스타는 익으면서 전분이 나오기 때문에, 원하는 정도로 익혔을 때 팬 안에 물이 많이 남지 않도록 해야 한다. 물론, 너무 졸아서 자칫 파스타가 딱딱해지지 않도록 주의해야 한다.

파스타가 알덴테가 되기 직전에 불을 끈다. 페코리노 치즈를 갈아 넣고, 적당량의 오일을 뿌린 뒤 소금으로 간을 한다. 필요한 경우 약간의 물을 더 넣어주고, 뚜껑을 덮고 파스타가 팬의 잔열로 익도록 잠시 둔다. 추가로 치즈를 살짝 더 뿌리고 구운 빵가루로 넉넉히 장식해 먹는다.

파스타 알라 노르마

2인분 분량

감각적인 향신료 정향과 시나몬을 더한 이 시칠리아풍 파스타는, 중동의 풍미를 선사한다. 이 요리는 팔레르모의 산 프란체스코 디 파올라 수도원에서 한 시칠리아 수도사가 고안한 것으로 알려져 있다.

재료

소금

소금에 절인 통 앤초비 … 3마리

마늘 작은 것 … 1쪽

통 정향 … 2~3개

시나몬 스틱 … 7.5cm 1개

말린 부카티니 … 200g,
   또는 치티 파스타

올리브 오일

통 토마토 통조림 … 225g

곱게 간 구운 빵가루, 농도 조절용 (159쪽 참조)

신선한 바질 잎 … 몇 장

금방 간 흑후추

조리법

큰 냄비에 물을 팔팔 끓인 후 소금을 넉넉히 넣는다.

물을 끓이는 동안, 앤초비를 깨끗이 씻은 후 엄지로 배를 갈라서 뼈와 지느러미를 제거한다. 손질된 앤초비를 그릇에 담아 포크로 으깨어 페이스트로 만들거나 곱게 다진다. 마늘을 다진다. 정향은 절구 또는 그라인더에 넣어서 갈아주고 (취향에 따라 2~3개 정도 사용), 시나몬 스틱은 작은 그릇 위에 걸쳐둔 강판에 올려 곱게 간다 (많은 양이 필요하지 않으므로 몇 번만 갈아준다).

파스타를 끓는 물에 넣는다.

다진 마늘과 올리브 오일을 팬에 넣고 중불로 천천히 온도를 높인다. 마늘이 지글거리고 향긋해지기 시작하면, 으깬 앤초비를 넣고 저어준다. 손으로 토마토를 팬 안에 직접 으깨어 가며 넣는다. 소금을 조금 뿌리고, 간 시나몬과 금방 간 정향을 넣는다. 파스타를 삶는 동안 가끔씩 저어가며 소스를 졸여준다.

파스타는 알덴테로 익기 직전에, 팬으로 옮겨 소스와 잘 버무린다. 소스를 묽게 하려면 파스타 삶은 물을 몇 큰술 추가한다. 만약 소스가 너무 묽다면, 구운 빵가루를 넣어 농도를 맞춘다.

불에서 내리고, 소금으로 간을 맞춘다. 찢은 바질 잎과 올리브 오일을 조금 넣는다. 취향에 따라 후추를 넉넉히 넣는다.

피엔놀로 토마토, 빵가루 파스타

2인분 분량

피엔놀로 토마토는 산 마르자노 토마토보다는 덜 유명하지만, 산 마르자노의 친척이자 이웃격이다. 두 품종 모두 이탈리아 베수비오 산 주변 카파니아 지역의 토양에서 재배된다. 피엔놀로 토마토는 크기가 좀 더 작고 달콤하며 미국에서는 상대적으로 희귀한 품종이다. 모양이 약간 길쭉하고 끝에 두드러진 "돌기"가 있으며 맛이 놀라울 뿐만 아니라 큰 다발로 걸어두면 오랫동안 저장 가능하다.

최근에는 미국 농가들이 이 방울 토마토 품종을 재배하기 시작했다. 베수비오 지역에서 재배된 토마토보다는 품질이 떨어지지만 일부러 구해서 요리할 만한 가치는 충분하다. 콜라투라(디 알리치)는 고대 로마의 갈룸이라고 알려진 피시 소스와 연관이 있다. 이 재료는 나폴리 외곽의 체타라에서 제조되는데, 소금에 절인 앤초비를 만드는 과정에서 얻어진다. 대다수의 동남아시아 피시 소스와 비교하면 섬세한 맛과 함께, 요리에 깊은 감칠맛을 준다.

일반적으로 파스타를 삶을 때는 물에 소금을 충분히 넣는 것이 좋다. 하지만 이 레시피에서는 적당량 넣는 것을 권장한다. 앤초비, 케이퍼, 콜라투라 모두 짜기 때문에, 처음에는 소금을 적게 넣고 나중에 필요에 따라 양을 조절한다.

재료

소금

노란 피엔놀로 토마토 … 12개 (생과일 또는 병조림), 또는 스윗 옐로 방울 토마토

마늘 … 1쪽

소금에 절인 케이퍼 … 20개 (잘 헹궈 물기 제거한 것)

소금에 절인 통 앤초비 … 1마리

올리브 오일

링귀니 건면 … 약 115g (나는 넉넉하게 준비한다)

말린 칠리 페퍼 가루 … 소량

콜라투라 (선택사항)

장식용 신선한 이탈리안 파슬리 잎 … 몇 장

구운 빵가루 … 100g (159쪽 참조)

조리법

큰 냄비에 물을 팔팔 끓인 후 소금을 넣는다. 신선한 토마토의 껍질을 벗겨보자. 큰 그릇에 물과 얼음 조각을 채워둔다. 각 토마토의 줄기끝을 따라 X자 모양으로 얇은 칼집을 낸다. 끓는 물에 토마토를 30초 동안 넣은 다음 빠른 속도로 즉시 얼음 물로 옮겨준다. 식은 후 물기를 제거하고 껍질을 벗긴다.

마늘을 얇게 썬다. 케이퍼를 체에 담아 헹군 뒤 찬물에 담아서 불린다. 소금에 절인 앤초비를 깨끗하게 씻어서 헹군다.

넓은 프라이팬에 오일을 얇게 두른 후, 마늘을 넣고 중약불에서 가

열한다.

한편, 끓는 물에 파스타를 넣는다.

마늘이 살짝 지글거리기 시작하면 페퍼 가루, 앤초비 살코기, 그리고 물기를 제거한 케이퍼를 넣어준다. 살코기를 부수면서 1분간 볶아준다.

팬에 토마토와 파스타 삶은 물 2~3큰술을 넣고 불을 세게 올린다. 팬을 자주 흔들거나 저어주면서 나무 숟가락으로 토마토를 약간 눌러서 과즙을 짜준다. 필요할 때마다 끈적이지 않도록 파스타 삶은 물을 약간씩 추가하며 눌지 않게 하면서 소스의 물기가 너무 많거나 흐물거리지 않도록 조절해야 한다. 토마토는 부서지기 시작하지만 완전히 흩어지지는 않아야 한다.

파스타가 알덴테 상태로 익기 전에, 집게를 사용해 끓는 물에서 바로 팬으로 옮긴다. 파스타 삶은 물을 조금 더 넣고 고온에서 흔들며 볶는다. 전분과 소스를 잘 유화시키는 것이 이 파스타(그리고 대부분의 파스타 요리)의 완성도를 높이는 핵심이다.

파스타가 완벽하게 익기 직전에 불을 끈다. 잔열로 파스타가 좀 더 익는다는 사실을 늘 명심하자(파스타를 완벽하게 익혀 식탁에 올리면 원하는 정도보다 조금 더 부드러울 수 있으므로 이 점을 고려해 조리해야 한다). 콜라투라를 사용한다면 소스에 약간 뿌려주고 파슬리와 오일을 더해 섞어준다.

마무리로 구운 빵가루를 올려서 먹는다.

뇨끼 디 파네, 또는 브레드 뇨끼

2~4인분 분량

뇨끼를 만드는 것은 까다로운 작업이다. 반죽을 너무 많이 치대면 덩치 크고 무거운 덩어리가 되어 먹고 난 뒤 속이 더부룩해지고, 너무 적게 치대면 끓는 물에서 반죽이 흩어질 수 있다. 훌륭한 뇨끼를 만드는 것은 대부분 레시피보다는 느낌에 따라 달려 있으며, 제대로 만들려면 연습이 필요하다.

빵을 활용한 뇨끼는 이탈리아 북부에서 유래한 것으로 비교적 난이도가 수월하다. 버터와 세이지 소스에 브레드 뇨끼 몇 개를 넣으면 든든하고 푸짐한 겨울철 코스 요리의 시작을 장식할 수 있다.

조리법

뇨끼를 만들 준비를 한다. 우유를 끓지 않게 가열한 후 그릇에 담긴 빵가루 위로 부어준다. 빵가루가 우유를 완전히 흡수해 부드러워지도록 10분 정도 동안 담가 놓는다.

달걀을 깨 그릇에 담은 후 힘껏 휘저어 준비한다. 사각 강판을 이용해 치즈(약 1/2컵)를 곱게 갈아 달걀과 섞어둔다. 빵가루를 손으로 눌러 흡수되지 않은 우유를 짜준다. (짤 우유가 없을 수도 있다. 이는 빵가루의 건조 정도에 따라 다르다.) 달걀과 치즈를 빵가루에 넣는다. 소금, 후추 그리고 기호에 따라 넛맥도 살짝 넣는다. 여기에 밀가루를 조금씩 체로 쳐서 부드럽게 섞는다. 뇨끼 반죽을 뭉치는 데 필요한 최소한의 밀가루만 사용하고, 가능한 한 부드럽게 반죽한다. 끓는 물에 넣었을 때 흐물어지지 않을 정도로 반죽한다.

큰 냄비에 물을 팔팔 끓인 후 소금을 넉넉히 넣는다.

뇨끼 반죽이 어느 정도 균일해지면, 물에 적신 손바닥을 오목하게 모으고 반죽을 작게 잘라 쥔다. 골프 공 크기로 부드럽게 둥글린다. 반죽 덩어리를 누르면서 뇨끼 패들*의 표면 또는 포크의 날을 따라 가볍게 구부려 모양을 잡는다. 끓는 물에 반죽을 살짝 넣어 반죽이

재료

뇨끼용 재료

우유 … 450 mL

기본 빵가루 … 약 165g (158쪽 참조)

달걀 … 1개

파미지아노 레지아노 치즈 … 약 50g 한 덩어리 (추가분 적당량 별도)

소금

금방 간 흑후추

갓 갈아낸 넛맥 (선택사항)

밀가루 … 50g (필요에 따라 적당량)

서빙용 재료

최상급 버터 … 113g (가염, 무염 모두 가능)

신선한 세이지 잎 … 몇 장

* 뇨끼 반죽 모양을 빚는 도마 모양의 도구.

형태를 유지하는지 테스트한다. 모양이 잘 유지된다면 준비가 된 것이다. 반죽이 물 위로 떠오르기 시작할 때 꺼낸다. 간을 보고 부족하면 남은 뇨끼 반죽에 소금을 첨가한다.

만약 반죽이 흩어진다면 밀가루를 조금 더 넣어 반죽한 후 다시 테스트하며 성공할 때까지 반복한다. 반죽이 잘된 것을 확인하면 뇨끼를 만들고, 밀가루를 뿌린 베이킹 시트 위에 올려둔다. (시험용 포함) 약 30개 정도의 뇨끼를 만들 수 있다. 베이킹 시트에 올린 뇨끼를 뚜껑을 덮지 않은 채로 냉장고에서 식힌 후 요리할 준비를 한다(하루 안에 요리하는 것이 좋다). 이렇게 하면 뇨끼가 좀 더 건조한 상태가 되어 형태를 유지하는 데 도움이 된다.

준비가 되면 소금을 넣은 물을 다시 끓인다.

팬을 중불에 올리고 버터를 녹인 후 갈색이 되기 시작하면 세이지 잎을 넣고 불에서 내린다. 뇨끼를 끓는 물에 조금씩 넣어 삶는다. 몇 분 후에 익은 뇨끼가 물 위로 떠오르기 시작하면 건져서 녹인 버터와 세이지가 담긴 팬으로 옮긴다. 뇨끼 삶은 물을 약간 추가해 부드럽게 섞으며 뇨끼를 코팅한다(필요한 경우 부드럽게 다시 데운다). 뇨끼를 얕은 그릇에 담은 후 파르미지아노 치즈를 갈아 올리고 먹는다.

튀김요리

미국인들은 튀긴 음식을 충분히 즐기지 않는다. 이탈리아 사람들은 어떠한가? 그들은 자신만의 튀김 가게를 갖고 있다. 마치 다양한 튀김 요리를 맛볼 수 있는 나폴리의 "프리지토리아"*처럼 말이다. 미노우 같은 작은 생선을 원뿔 모양으로 튀긴 것, 피자 프리타, 크로켓, 폴렌타**, 가지, 호박 꽃 등등 무척 다양한 튀김 요리가 있다. 물론 아란치니와 수플리도 찾을 수 있다 – 이 책에서 가장 좋아하는 레시피에 속하는 요리다(피자로 넘어가기 전에 먹는 맛있는 음식이다). 계속해서 얘기하고 싶지만, 내가 말하고 싶은 핵심은 바로 이것이다. 나는 우리가 패스트 푸드에 나오는 튀김을 더 많이 먹어야 한다고 말하려는 것이 아니다. 우리는 양질의 튀김 요리를 더 많이 먹어야 한다. 그래서 난 이 레시피들이 당신의 삶의 질을 높일 수 있다고 자신한다.

179

* Friggitoria: 튀김 요리를 판매하는 가게. 이탈리아 전역에서 흔히 찾아 볼 수 있다.
** 옥수수가루를 죽처럼 쑤어서 만든 이탈리아의 음식.

치킨 커틀릿

2~4인분 분량

치킨 커틀릿을 만들 때 가장 많이 사용되는 것은 얇게 썰어 편 닭 가슴살(스칼로피네*)이다. 닭고기 한 마리를 통째로 분해해 다른 요리를 할 계획이라면 괜찮다. 결국, 닭 가슴살을 사용해야 하니 말이다.

닭 전체 부위가 없는데 치킨 커틀릿을 만들고 싶다면 가슴살 대신 넓적다리 부위를 구입하자. 이 부위는 풍미가 훨씬 더 뛰어나며 가슴살처럼 쉽게 마르지 않는다. 정육점에 뼈를 제거해달라고 요청하거나 직접 손질해도 좋다. 날카로운 칼이 있다면 어렵지 않다.

완성된 커틀릿은 어울리는 샐러드와 함께 낸다.

조리법

닭 넓적다리살을 비닐 두 장 사이에 놓는다. 밀대를 사용해 닭고기를 두드려서 두께가 약 5mm 정도로 얇아질 때까지 평평하게 펴준다. 닭고기가 찢어지지 않도록 주의하며 모든 살에 동일한 작업을 반복한다. 납작하게 펴진 닭고기에 소금을 고루 뿌려준다.

넓은 팬에 기름을 약 1cm 정도 붓고, 온도를 171℃에서 177℃ 사이로 맞춘다.

접시에 밀가루를 펴놓고 다른 접시에 빵가루를 펴놓는다. 아마도 생각보다 더 적게 필요할 것이다. 닭고기가 충분히 담길 만큼 넉넉한 그릇 안에 달걀을 깨서 넣고 소금 한 꼬집, 물을 넣어 잘 풀어준다.

닭고기에 밀가루, 달걀물 순으로 묻히고, 양면에 빵가루를 묻힌다. 빵가루가 너무 많이 묻었다면 흔들어 털어준다.

한 번에 2~3조각을 팬에 넣어 양쪽 면이 먹음직스런 갈색으로 익을 때까지 튀긴다. 닭고기의 내부 온도가 약 74℃가 될 때까지 익혀야 하며, 중간에 한 번 뒤집어준다. 튀긴 닭고기는 키친타월 위에 철제 기름망을 놓고 그 위에 올려 기름을 뺀다. 레몬 웨지와 함께 낸다.

재료

닭 넓적다리살 … 4개 (껍질 벗기고 뼈가 없는 것)

소금

튀김용 올리브 오일

밀가루 (튀김옷용)

매우 곱게 간 기본 빵가루 (158쪽 참조)

달걀 … 1~2개 (넓적다리살이 큰 경우 2개 사용)

레몬 웨지 (서빙용)

* scaloppine: 고기를 얇게 썰거나 망치로 두드려 소스에 양념하는 조리방식.

가지 튀김

2인분 분량

가지는 탄탄하고 유연하면서, 껍질이 단단하고 흠집이 없는 것을 선택한다. 가지가 다소 부드럽고 껍질이 늘어지는 느낌이 든다면, 오랫동안 판매대에 놓여 있었을 확률이 높으므로 요리를 하더라도 만족스럽지 않을 수 있다.

　　많은 레시피에서는 가지의 쓴맛을 제거하기 위해 사용하기 전에 미리 소금에 절여 물에 헹군다. 품질 좋은 가지를 구입한다면 이 문제는 대부분 해결되지만, 이 부분은 여러분의 선택에 전적으로 달려 있다. 나는 가지를 소금에 먼저 절이기로 결정하면, 소금, 찬물, 레몬즙을 섞은 소금물을 만들어 가지를 약 30분간 담가둔다. 가지는 키친타월로 물기를 제거해서 사용한다.

재료

밀가루

곱게 간 기본 빵가루 (158쪽 참조)

달걀 ⋯ 1개

소금

가지 중간 크기 ⋯ 1개

튀김용 올리브 오일

레몬 웨지 (선택사항)

조리법

접시 하나에 밀가루를 담고, 또 다른 접시 하나에는 빵가루를 준비한다. 손질한 가지 조각에 적당량 사용한다. 생각보다 적은 양으로도 충분할 것이다. 또 다른 그릇에는 달걀에 소금 한꼬집을 넣어 풀어둔다.

가지 꼭지를 잘라내고, 길이 방향으로 약 5mm 두께로 썰어준다. 양면을 키친타월로 꾹꾹 눌러서 물기를 제거한다.

넓은 팬에 올리브 오일을 약 1cm 높이로 부은 뒤 약 171℃로 가열한다. 가지에 밀가루를 먼저 묻힌 후 달걀물을 묻혔다가, 마지막으로 빵가루를 양면에 골고루 묻힌다. 과하게 묻은 빵가루는 털어낸다. 한번에 여러 조각을 기름에 넣고 바삭한 금빛 갈색이 되도록 2~3분간 튀긴다.

튀긴 가지는 키친타월이나 그 위에 기름망을 두고 거기에 올려 기름을 뺀다. 이렇게 하면 바삭함이 유지된다. 소금을 살짝 뿌리고 그대로 먹거나 기호에 따라 레몬을 살짝 뿌려 먹는다.

감자 피자

2~4인분 분량

엄밀히 말해 이 레시피는 사람들이 보통 떠올리는 일반적인 피자가 아니다. 오히려 고소하게 속을 채운 감자전에 가까우며, 샐러드와 가볍게 한끼 식사로 훌륭한 메뉴다.

재료

러셋 감자 중간 크기 ··· 5개(약 1.06 kg) (껍질 벗긴 것),
  또는 다른 저수분 품종

소금

적양파 중간 크기 ··· 3개

올리브 오일

토마토 페이스트 ··· 1작은술 (스트라뚜)

통조림 토마토 ··· 2~3개,
  또는 신선한 방울 토마토 ··· 6~8개

금방 간 흑후추

소금에 절인 통 앤초비 ··· 5마리

오일에 절인 블랙 올리브 ··· 8~9개

달걀 ··· 2개

간 숙성 페코리노 치즈 덩어리 ··· 100g

기본 빵가루 ··· 100g (158쪽 참조)

조리법

큰 냄비에 감자를 넣고 잠길 정도로 적당히 물을 붓고 삶는다. 물이 끓으면 소금을 넉넉히 넣고, 감자가 부드러워질 때까지 삶는다.

양파는 너무 얇지 않게 두께가 약 3~6mm 정도가 되도록 썬다. 그래야 조리 후에도 어느 정도 질감을 유지할 수 있다. 넓은 팬에 올리브 오일을 충분히 두른 뒤 양파와 소금을 넣고 중약불에서 양파가 부드럽고 달콤하게 익을 때까지 볶는다. 양파가 갈색이 되지 않도록 주의한다.

토마토 페이스트를 소량의 미지근한 물에 녹여 팬에 넣는다. 토마토는 손으로 으깨거나 크기에 따라 반으로 자른다. 여기서는 토마토 소스를 만드는 것이 아니라 약간의 토마토와 함께 양파를 조리하는 것이다. 소금을 좀 더 넣은 후 토마토가 으깨지고 혼합물이 농축되고 부드러워질 때까지 익힌다. 불을 끈 후 소금으로 간을 한 뒤 후추로 양념을 한다.

앤초비는 물에 헹궈서 소금을 털어낸다. 지느러미를 제거한 다음 등뼈를 따라 가위로 잘라서 살코기를 총 10개 만든다. 올리브는 씨를 제거한다.

오븐을 약 204℃로 예열한다.

감자가 익으면 건져내어 식기 전에 으깨준다. 달걀을 풀어 감자에 넣고, 간 치즈와 소량의 빵가루도 함께 섞어준다. 잘 섞어서 간을 보고 필요한 만큼 소금을 추가한다. 감자 혼합물이 너무 물기가 많거나 부드러워 패티 모양을 잡기 어렵다면, 밀가루를 조금씩 첨가해 점도를 조절한다. 최대한 필요한 양보다 적게 사용하도록 유의한다.

20cm 크기의 직사각형 팬에 올리브 오일을 충분히 발라준다. 감자 반죽을 반으로 나눠 절반만 팬 바닥에 고르게 펴바른다. 손에 물을 묻혀 표면을 매끄럽게 다듬으면서 각각의 틈새나 금이 생기지 않도록 메워준다. 감자 위에 양파-토마토 혼합물을 부은 뒤 앤초비 살코기와 올리브를 층층이 고르게 올려놓는다. 앤초비와 올리브가 각 부분에 고르게 펼쳐지도록 신경 써서 올려준다.

나머지 감자 반죽으로 둥글 납작한 패티를 여러 개 만들어 팬에 올린다. 패티들을 서로 닿게 배치하고 앤초비와 올리브 층을 완전히 덮는다. 손에 물기를 묻혀 표면을 부드럽게 펼쳐준다. 마지막으로 빵가루를 고루 뿌리고 더 많은 올리브 오일을 뿌려준다. 빵가루가 색을 띨 때까지 20~25분 정도 오븐에서 굽는다.

기름망 또는 키친타월 위에 올려 약 10분간 식혀준다. 페어링 나이프를 사용해 감자 케이크의 가장자리를 따라 팬에서 분리한다.

큰 접시를 팬 위로 올려놓고 신속하게 뒤집는다. 감자 케이크가 쉽게 떨어져야 한다. 감자 케이크의 노출된 아랫면에 다른 접시를 놓고 다시 뒤집어서 감자 케이크의 윗면이 제자리에 오도록 한다.

이 모든 과정이 신속하고 매끄럽게 진행되어야 한다. 만약 자주 프리타타 또는 스페인 토르티야를 만들었다면, 이러한 과정이 익숙할 것이다. 실온보다 약간 더 따뜻한 온도로 식힌 후 부채꼴 모양으로 잘라서 낸다.

감자 크로켓

2~4인분 분량 (약 12개)

모차렐라와 감자 사이에 아기가 있다면 아마도 감자 크로켓일 것이다. 감자를 좋아한다면 이 간식은 꼭 만들어야 한다.

재료

러셋 감자 큰 것 … 2개 (500~600g) (껍질을 벗기고 큰 조각으로
　자른 것),
　또는 고전분, 저수분 감자

소금

페코리노 로마노 치즈와 파미지아노 레지아노 치즈 …
　95g (함께 갈아 넣은 것)

달걀 … 2개 (노른자와 흰자로 분리한 것)

건조, 저수분 모차렐라 … 60g (12~13개의 짧고 가늘게 자른 것)

밀가루

곱게 간 기본 빵가루 … 150g (158쪽 참조)

튀김용 올리브 오일, 땅콩 오일, 정제 해바라기 오일

금방 간 흑후추

조리법

냄비에 감자를 넣고 찬물을 붓고 삶는다. 끓기 시작하면 소금을 넉넉하게 추가한다. 감자가 상당히 부드러워질 때까지 익힌다. 감자를 건져서, 뜨거운 상태일 때 으깬 뒤 넓고 얕은 그릇에 넣고 약간 식혀준다.

여기에 간 치즈를 섞어준다. 조금씩 소금을 첨가하면서 맛을 보며 섞어준다. 노른자 1개를 넣어준다. 감자의 수분 상태와 달걀 크기에 따라 노른자가 모두 필요하지 않을 수 있다. 감자 반죽이 질어서는 안 되며 모양이 유지되어야 한다.

소량의 감자 반죽을 손바닥 크기의 패티로 만들어준다. 모차렐라를 가운데에 올려놓고 감자로 완전히 둘러싸준다. 부드럽게 밀어서 외피를 만들어내며 긴 크로켓 모양으로 빚는다. 총 12개에서 13개를 반복해서 만들면 된다.

밀가루와 빵가루를 따로 그릇에 담는다. 얕은 그릇에 달걀 흰자를 넣고, 약간 거품이 나도록 저어준다. 각 크로켓을 먼저 밀가루에 굴리고, 흰자를 바르고, 빵가루에 굴린 후 작은 트레이나 베이킹 시트 위에 올려두고 몇 시간 동안 냉장고에 넣어둔다.

튀김 준비가 되면 넓은 팬에 올리브 오일을 적어도 약 1cm 정도 붓고 171℃로 예열한다. 3개 또는 4개씩 한 번에 작업한다. 크로켓을 부드럽게 넣고, 양면이 고루 바삭하게 갈색이 나도록 3분 정도 튀긴다. 필요한 경우 뒤집어준다. 건져서 키친타월 또는 기름망에 옮겨 식힌다. 따뜻한 상태에서 먹는다. 기호에 따라 후추를 추가한다.

프라이드 램찹 스테이크

2인분 분량

이 방법은 양고기를 미디엄에서 웰던 상태로 익혀서 만든다. 나는 대개 양갈비를 미디엄 레어 이상으로 요리해서 서빙하는 사람과는 대화를 나누지 않는 편이다. 하지만 이 레시피에서는 양을 좀 더 익혀야 어울린다. 만약 고기 단면이 좀더 분홍빛이 돌도록 굽고 싶다면 고기를 평평하게 두드리지 않고 뜨거운 기름에서 튀겨보자.

이 레시피로 아주 간단하면서도 사랑스러운 요리를 만들 수 있다. 화사한 샐러드나 익힌 녹색 채소와 함께 내가면 좋다.

조리법

연육기, 절구, 또는 밀대를 사용해 양갈비를 약간 납작하게 두드린다. 고기가 뼈에서 분리되지 않도록 주의한다. 양갈비 양면에 소금을 바르고, 접시 위에 올려서 실온에서 10분 정도 둔다.

얕은 그릇에 달걀을 푼다. 또 다른 그릇에 밀가루와 빵가루를 각각 준비한다. 양갈비에 밀가루를 묻힌 다음 푼 달걀을 바른 뒤 마지막으로 빵가루를 골고루 입혀준다. 이 과정에서 남은 빵가루는 털어준다. (묻히고 남은 빵가루는 버린다.)

기름이 튀는 것을 방지하기 위해 측면이 높은 팬에 올리브 오일을 약 1cm 높이로 붓는다. 중불에서 팬을 달군 후, 기름이 반짝이면 양갈비를 넣는다. 한 번씩 뒤집어가며 튀긴다. 약 2분 정도 첫 번째 면을 바삭하게 튀겨주고, 두 번째 면은 약 1분 정도 튀긴다(양갈비 내부 온도가 55℃에서 60℃ 정도가 되도록 한다). 키친타월 위에 올려 기름을 빼고 먹는다.

재료

양갈비 ⋯ 4조각 (뼈 있는 것)

소금

달걀 ⋯ 1개

밀가루 (코팅용)

기본 빵가루 ⋯ 30~50g (중간 크기에서 곱게 간 것) (158쪽 참조)

튀김용 올리브 오일,
또는 선호하는 기름

라이스볼: 아란치니 vs. 수플리

빵가루를 입혀 튀긴 수플리와 아란치니는 미국에서 일반적으로 라이스볼이라고 불린다. 하지만 이 둘은 분명히 다르므로 혼동해서는 안 된다.

우선, 아란치니는 "작은 오렌지"를 의미하는 명확한 시칠리아 음식이다. 팔레르모와 섬의 서부 지역에서는 작은 오렌지 크기로 둥글게 만들며, 때로는 약간 더 크게 만들기도 한다. 하지만 전통적으로 오래된 브루클린 가게에서 볼 수 있는 소프트볼 크기는 아니다. 카타니아와 동부지역에서는 원뿔 모양으로, 일반적으로는 크기도 더 작고 오렌지와는 생김새가 다르지만 같은 이름을 사용한다. 또한 동부와 서부 시칠리아 사이에는 명사가 남성인지 여성인지에 따라 구별되기도 하지만, 이 부분은 시칠리아인들에게 맡겨두겠다.

아란치니의 유래는 이 섬이 아랍 통치하에 있던 10세기로 거슬러 올라간다. 아란치니 안에는 일반적으로 삶은 쌀, 완두콩, 고기 라구, 아마도 약간의 토마토(10세기 당시 사용되지 않았던 재료)와 사프란이 들어간다. 그러나 길거리 음식으로 판매되는 아란치니에서는 향신료의 고유한 깊은 색상을 흉내 낸 것도 볼 수도 있다. 시칠리아인과 다른 지역의 사람들은 이제 다양한 종류의 아란치니를 만들어 먹지만, 클래식한 버전은 라구와 완두콩을 사용해 만들며, 여기에 치즈로는 오직 카치오카발로만 들어간다.

수플리는 19세기 로마에서 탄생한 것으로 알려져 있다. 스낵 사이즈로 길쭉하거나 타원형 모양을 하고 있으며, 종종 삶은 쌀이 아닌 리조또 방식으로 조리한 쌀로 만든다. 일반적으로 토마토 소스와 모차렐라가 기본 재료로 들어가며, 소시지, 육류, 닭 내장이 풍성하게 첨가되기도 한다. 여기에 제시된 버전은 채식주의자들을 위한 좀 더 간소화된 레시피다. (196쪽 참조)

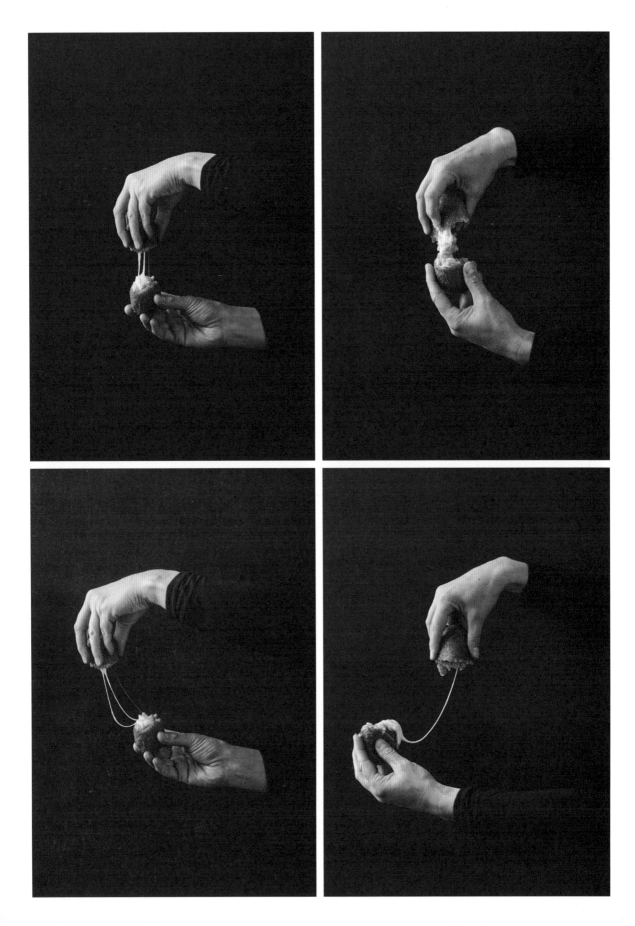

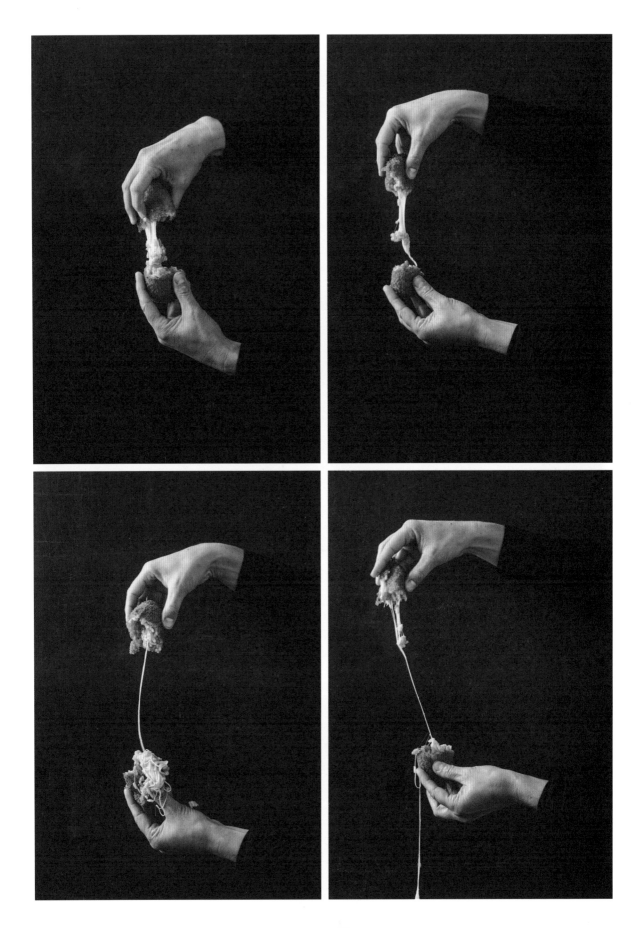

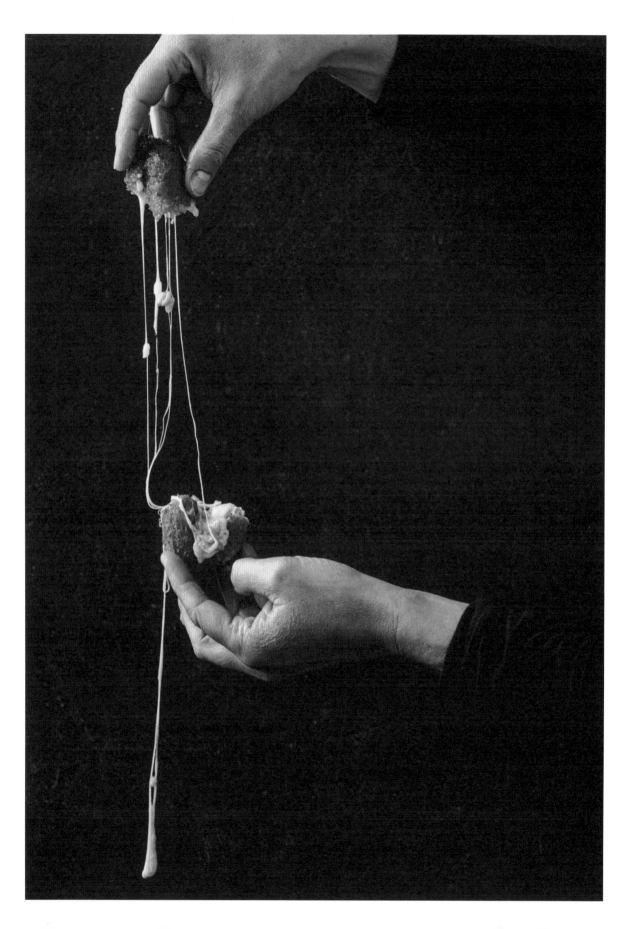

아란치니

16~20개 분량

미리 밥을 짓고 속을 만들어서, 아란치니 모양을 빚어 튀기기 전에
냉장 보관할 수 있다.

조리법

밥 짓기: 중간 크기의 냄비에 물 4와 1/2컵, 소금, 쌀을 넣는다. 물이
끓기 시작하면 뚜껑을 열어두고 쌀이 모든 물을 흡수하고 부드러워
질 때까지 필요할 때마다 한 번씩 저어준다. 밥이 되는 동안 사프란
실을 부숴서 따뜻한 물에 10분간 불린다. 밥이 다 되면 불에서 내리
고 버터나 돼지기름, 사프란 불린 물도 함께 넣어서 섞는다. 살짝 기
름을 바른 유산지를 작은 베이킹 시트에 깔고 밥을 펼쳐서 냉장고에
넣어 1~2시간 동안 식히면서 단단하게 굳힌다. 그동안 라구(또는 속재
료, 원하는 방식으로 준비)를 만들 준비를 한다.

라구 만들기: 양파, 당근, 셀러리를 곱게 다져 팬에 넣고 올리브 오일
을 적당량 둘러 섞은 후, 중약불에서 천천히 요리한다. 채소가 부드
러워지되 갈색이 되지 않은 상태에서 월계수 잎과 시나몬 스틱을 넣
어준다. 고기를 손질하면서 조금씩 넣고, 익을 때까지 저어준다. 불
을 올리고 화이트 와인을 조금 넣어서 팬에 붙은 재료들을 떼어낸
다. 알코올을 날려버리기 위해 몇 분간 끓인다. 토마토 페이스트를
한 스푼 고기에 넣고 저어준다. 재료가 잠기도록 충분한 물을 넣는
다. 소금으로 살짝 간한 뒤 불을 조금 낮추고, 뚜껑을 열고 최소 1시
간 이상 천천히 끓인다. 요리 마지막에 완두콩을 넣어준다. 월계수
잎과 시나몬 스틱을 건져 버리고 치즈를 조금 넣는다. 후추를 뿌린
후, 필요한 만큼 소금으로 간을 한다. 아란치니를 만들기 전에 식혀
준다.

재료 조합하기: 아란치니를 만들 준비가 되었다면, 밀가루 약 3/4컵
과 탄산수 1.5컵을 섞어 반죽을 만든다(팬케이크 반죽보다 약간 더 농도가
진한 정도로). 빵가루를 접시에 담아둔다. 깊은 냄비에 약 7.5cm 정도

재료

밥 짓기 재료

소금

아보리오* 또는 카르나롤리** 쌀 … 400g

사프란 실 … 한 줌

무염 버터 또는 돼지기름 … 25~30g

라구 재료

양파 … 반 개

당근 작은 것 … 1개

셀러리 대 작은 것 … 1개

올리브 오일

월계수 잎 … 1장

시나몬 스틱 … 7.5cm짜리 1개

간 고기 … 200g (모든 소고기, 또는 소고기와 돼지고기 섞은 것)

드라이 화이트 와인 … 소량

농축 토마토 페이스트 (가능하다면 스트라뚜)

소금

냉동 완두콩 … 한 줌

카치오카발로 치즈 … 40~50g,
  또는 파미지아노 레지아노

금방 간 흑후추

---

* 대중적인 이탈리아 단립종 쌀.
** 프리미엄급 이탈리아 중립종 쌀.

높이로 기름을 부어 약 166℃로 예열한다. 트레이에 키친타월을 깔고 그 위에 기름망을 올려 놓는다.

손에 물을 적시고 식힌 밥을 조금씩(작은 오렌지 크기로, 지름 약 6cm) 덜어서, 볼록한 원반 모양으로 만든다. 중앙에 만들어놓은 라구를 몇 스푼 넣는다. 라구를 감싸고 밀봉해 매끄럽고 단단한 공을 만든다. 쌀밥과 내용물을 모두 사용해 만든 후, 각각에 반죽을 묻히고, 빵가루가 완전히 묻도록 굴린다. (재료가 남았다면, 최대 3일까지 냉장 보관이 가능하다.)

고온의 기름에서 한 번에 몇 개씩 바삭하게 튀겨서 보기 좋은 갈색이 될 때까지 속까지 익힌다. 기름망에 올려 놓고 기름을 뺀다.

재료 조합용

밀가루

탄산수

곱게 간 기본 빵가루 (158쪽 참조)

튀김용 올리브 오일, 땅콩 오일, 정제 해바라기 오일

195

수플리

12~20개 분량

수플리는 길거리 음식으로서, 피자를 먹기 전에 먹을 만하다. 로마에서 매우 인기있는 음식으로 만약 미국에서 만들어 판다면, 여기에서도 분명 인기를 끌 것이다.

조리법

소스팬에 채수를 넣고 끓인다. 끓으면 불을 낮춰 계속 졸여준다.

넓은 팬에 기름을 살짝 바른 후 양파를 넣고 중불에서 약간 부드러워질 때까지 볶아준다. 쌀을 넣고 잘 섞은 후, 들러붙지 않도록 계속 저어가며 몇 분간 볶아준다.

끓이고 있는 채수를 작은 국자로 떠서 팬에 쌀을 거의 덮을 정도로 부어준다. 토마토 파사타를 넣어 잘 섞어준다. 쌀의 전분을 빼내기 위해 중불에서 거의 일정하게 저어가며 조리한다. 액체가 증발하고 토마토-쌀 혼합물이 농축되어 팬 밑에 눈기 시작하면 조금씩 채수를 추가한다. 쌀이 익을 때까지 이렇게 혼합물이 느슨하면서도 다소 액체인 상태를 유지한다. 쌀은 알덴테 정도로 익히고 쌀알 중심에서는 끈기가 살짝 유지되어야 한다. 쌀은 불을 끈 후에도 약간 더 익을 것이며, 수플리를 튀길 때 더 익게 된다. 다 된 밥은 리조또보다 조금 더 단단하고 건조해야 한다. (채수를 모두 사용하지 않을 수도 있다.)

적당한 농도에 도달하면 불을 끈 후 간 치즈를 넣고 소금과 후추로 간을 맞춘다. 작은 베이킹 시트 위에 가볍게 기름칠한 유산지를 깔고 밥을 펼쳐서 식힌다. 냉장고에서 1~2시간 넣어서 단단하게 굳힌다.

달걀을 그릇에 풀어 소금을 약간 넣은 후 저어준다. 빵가루는 별도의 그릇에 담아둔다. 손으로 한웅큼 밥을 잡아 압축해서 모양이 유지되면, 두꺼운 원반 모양이 되도록 눌러서 중앙에 모차렐라 큐브를 올려놓는다.

재료

채소 육수 ⋯ 950mL,
　또는 염도 낮은 소금물로 대체 가능

올리브 오일

양파 ⋯ 작은 것 (곱게 다진 것)

생 아르보리오(또는 카르나롤리) 쌀 ⋯ 400g

토마토 파사타(퓌레) ⋯ 400g,
　또는 통 토마토 통조림, 푸드 밀에 통과시킨 것

간 페코리노 로마노 치즈 ⋯ 약 40g,
　또는 파미지아노 레지아노 치즈

소금

금방 간 흑후추

달걀 ⋯ 2~3개

곱게 간 기본 빵가루 ⋯ 200g (158쪽 참조)

건조/저수분 모차렐라(예: 카푸토 브라더스 크리머리의 피오르 디 피자) ⋯ 150~200g (작은 큐브 또는 가늘고 길게 자른 것)

튀김용 올리브 오일, 땅콩 오일, 정제 해바라기 오일

모차렐라를 안에 넣고, 밥을 타원형이나 원통형으로 감싼다. 밥의 두께를 어느 정도 일정하게 유지하면서, 간격이나 틈새를 물기 있는 손으로 매끄럽게 펴준다. 모차렐라가 완전히 덮여 있는지 확인한다.

밥과 모차렐라를 모두 사용할 때까지 반복한다. 필요할 때는 손을 물에 적셔가며 작업하면 좀더 쉽게 모양을 만들 수 있다. 크기가 적당한 수플리를 여러 개 만든다. 각각의 수플리를 달걀물에 담근 다음, 빵가루를 골고루 묻혀 완전히 덮어준다. 취향에 따라 이 과정을 반복해 껍질을 두껍게 해서, 약간 더 바삭한 식감을 만들 수 있다. 기름의 온도를 높이는 동안 빵가루를 묻힌 수플리를 트레이나 접시에 올려서 냉장실에 보관한다.

깊은 팬에 약 5~8cm 정도 높이로 기름을 붓고, 166℃로 가열한다. 여러 번에 조금씩 나눠서 수플리를 금빛 갈색이 되도록 튀긴다. 다른 음식을 튀길 때보다 조금 더 낮은 온도로 조리해 내부의 모차렐라가 녹을 수 있도록 하되, 바깥쪽은 너무 어둡게 되지 않게 한다. 트레이에 키친타월을 깔고 그 위에 기름망을 올려둔다. 1~2분 동안 기름이 빠지게 기름망에 놓아둔다. 완전히 녹은 치즈를 즐기려면 뜨거울 때 먹는 것이 좋다.

197

THIN
EAT M
BREA

내가 오직 빵을 이용한 음식과 빵 먹는 방법만을 다루는 책을 쓴다
면, 그 내용은 몹시 빈약할 것이다. 왜냐하면 이미 많은 문화에서 음
식과 빵을 함께 먹는 것은 필수적인 식사 방식이기 때문이다. 메인
요리로 놓이든 사이드 메뉴로 놓이든 우리는 매끼 빵을 먹는다. 적양
배추 샐러드와 자몽 샐러드, 얇은 빵 한 조각만으로 가벼운 식사를
할 때도 많다. 또한 레드 제플린 샐러드와 같은 요리가 나오면, 테이
블 위에 어떤 음식이 올려져 있더라도 그것이 가장 눈에 띄는 맛있
는 음식이 된다.

　나는 고기를 먹기도 하고 요리하기도 하지만, 집에서는 그렇게 자
주 하지는 않는다. 정말 신선하고 좋은 콩과 채소를 요리하고 먹는
것을 좋아하며, 이것이 건강에도 더 좋다고 생각한다. 신중하게 재배
된 제철 채소를 제공하기 위해 노력하는 농부들의 노력과 정성은 나
에게 큰 기쁨을 준다. 물론 여러분도 그런 즐거움을 누리기를 바란다.

적양배추 샐러드

2~4인분 분량

양배추는 항상 부정적인 이미지를 가지고 있다. 그러나 이 샐러드는 양배추를 아주 얇게 썰어서 섬세하게 조리하고, 최상급의 케이퍼와 신선한 허브로 맛을 낸 것으로, 연중 내내 최고의 맛을 선사한다. 빵 한 조각을 곁들여 점심식사로 즐겨보자.

재료

적양배추 … 약 800g (1통)

소금에 절인 케이퍼 … 30g
   또는 올리브 오일에 보존된 씨 제거한 블랙 올리브로
   대체 가능

마늘 작은 것 … 1쪽

이탈리안 파슬리 … 1/2다발

민트 잎 … 소량

소금

금방 간 흑후추

레몬 … 반쪽

레드 와인 식초 … 1~2방울

올리브 오일

조리법

아주 잘 드는 칼을 사용해 양배추를 되도록 가늘게 채썰고, 렐리시*를 만들기에는 길지만 먹기 불편하지 않을 정도로 자른다(약 5~8cm). 큰 그릇에 얼음물을 만든 후 양배추를 10~15분간 담가둔다. 이렇게 하면 샐러드 안에서 양배추가 싱싱하게 유지된다.

케이퍼를 물에 헹궈 소금기를 씻어낸 후, 다른 재료를 준비하는 동안 찬물에 담가둔다. 마늘은 다지거나, 소금을 약간 넣어 절구로 빻는다. 파슬리를 잘게 다듬고, 민트 잎을 줄기에서 떼어낸다.

얼음물에서 건져낸 양배추는 채소 탈수기를 이용하거나 깨끗하고 마른 면주머니에 넣은 후 재빠르게 흔들어 물기를 제거한다(이 작업은 외부에서 하는 것이 좋다). 큰 그릇에 옮겨 담는다.

물기를 뺀 케이퍼를 양배추에 넣고, 마늘, 파슬리, 민트 잎을 첨가한다. 소금과 후추로 간을 하고, 레몬즙을 살짝 짜 넣은 후 식초와 올리브 오일을 가볍게 두른다. 너무 많이 넣어서 자칫 잎이 무거워지거나 오일에 과하게 적셔지지 않도록 주의한다.

* relish: 과일, 채소에 양념을 해서 걸쭉하게 끓인 뒤 차게 식혀 고기, 치즈 등에 얹어 먹는 소스.

가지 샐러드

1~2인분 분량

가지를 끓는 물에 삶는 조리법은 다소 이상해 보일 수 있다. 대부분의 사람들은 가지를 튀기고, 그릴에 굽거나 다른 조리 방법으로 요리해 가지가 조리된 자체의 맛이나, 요리에 사용되는 다른 재료의 풍미를 흡수하도록 한다. 하지만 가지를 삶는 것은 독특하지만 담백한 조리법으로, 이 채소 본연의 풍미를 높여줄 뿐 아니라, 간단한 드레싱만으로 감칠맛을 향상시킨다. 이 샐러드를 먹을 때는 빵을 하나의 주방도구처럼 사용한다.

조리법

큰 냄비에 물을 충분히 넣고 물을 끓인 뒤 소금을 넉넉히 넣는다. 냄비에 조심스럽게 가지를 넣어준다. 가지가 물 위에 뜰 텐데, 골고루 익도록 가지를 자주 뒤집어준다. 포크나 얇은 꼬챙이로 찔러보았을 때 부드럽게 들어갈 때까지 15~25분 동안 가지를 익힌다.

가지가 식기 전에 껍질을 벗겨준다. 기호에 따라 씨를 버린다. 가지를 세로 방향으로 가느다랗게 잘라 그릇에 담는다.

마늘을 다진 후 가지에 넣는다. 페퍼도 잘게 다져 넣는다(입맛에 따라). 섞은 다음 소금으로 간을 하고, 식초 몇 방울과 올리브 오일을 넉넉히 두른다. 민트 잎 또는 오레가노 잎 여러 장(큰 잎은 찢어서)을 더한 후 잘 섞는다.

즉시 먹거나, 음식의 풍미가 잘 숙성되어 어우러지도록 상온에 잠시 두고 먹을 수도 있다.

재료

소금

이탈리아 가지 작거나 중간 크기 … 1개

마늘 작은 것 … 1쪽

말린 칠리 페퍼 작은 것 … 1개

레드 와인 식초

올리브 오일

신선한 민트 잎, 또는 신선한 오레가노 잎 … 여러 장

인살라타 코토 에 크루도, 또는 레드 제플린 샐러드

2인분 분량

재료

적양파 중간 크기 … 2개(320g)

올리브 오일

소금

자색 감자 작은 것 … 4개(총 680~850g)

신선한 그린빈 … 250g

방울 토마토 … 275g

오일에 절인 블랙 올리브 … 12개 (씨 제거한 것)

마늘 … 1쪽

작은 에스카롤 하트 또는 로메인 하트, 기호에 맞게 선택 (선택사항)

삶은 병아리콩 … 164g (선택사항)

방금 간 흑후추

말린 이탈리안 오레가노

레드 와인 식초

레몬즙 … 반 개 분량

달걀 … 1~2개 (취향에 따라 반숙, 완숙란 선택)

참치 통조림 (선택사항)

팔레르모에서는 거의 모든 골목에서 채소 상인들을 찾아볼 수 있다. 신선한 농산물이 아름답게 진열되어 있고, 대부분의 상인들은 삶은 감자, 삶은 그린빈, 구운 양파와 피망, 삶은 병아리콩, 그리고 양념한 올리브도 판매한다. 이런 품목은 여러모로 무척 편리하다. 시칠리아의 여름은 매우 더우며 여행 중에 알게 된 것처럼 팔레르모 지역의 아파트는 주방이 협소하다. 오븐이 없고 2구짜리 버너가 전부일 정도로 작은 곳도 있다. 이 메뉴를 피자 비앙카 또는 포카치아와 함께 곁들이거나, 특별한 빵을 구입해 이 샐러드와 함께 먹어보자.

시장에서 파는 삶은 음식들을 신선한 채소 몇가지와 결합하면 최고로 멋진 여름 샐러드가 될 수 있다. 어느 친구는 이 맛있는 샐러드가 너무나 마음에 들어 '레드 제플린 샐러드'라고 부르기까지 했다. 우리는 대부분 시칠리아와 같은 환경 속에 살지 않기 때문에, 이 채소들을 직접 요리해야 한다. 미국의 주방은 더 크고 에어컨이나 최소한 4개의 버너와 오븐이 있을 가능성이 높다. 그러니 찌는 여름에도 충분히 요리할 수 있다. 이 샐러드는 내가 좋아하는 빵과 함께 먹는 최고의 식사 중 하나이며, 제철을 맞은 여름 농산물을 기념하는 의미도 함께 느낄 수 있는 특별한 메뉴다.

조리법

오븐을 204℃로 예열한다.

적양파를 약 5~10mm 두께로 썬 후 베이킹 시트에 올려 놓는다. 올리브 오일을 뿌린 후 가볍게 소금을 뿌린다. 오븐에 넣고 굽는다. 양파가 살짝 갈색으로 변하면, 바로 한 번 뒤집어 굽는다.

또 다른 방법으로는 양파에 오일을 약간 두르고 소금을 뿌린 다음 호일로 감싸준다. 호일로 싼 채로 베이킹 시트에 놓고 오븐에서 완전히 부드럽게 익을 때까지 35분에서 45분 동안 굽는다. 이 방법은 좀

더 시간이 오래 걸리지만, 색다른 식감과 맛을 선사한다. 호일을 벗기고 식혀서 큼직한 조각으로 나눈다.

감자는 문질러 씻어서 큰 냄비에 넣는다. 찬물을 붓고 소금을 넣은 다음 중강불로 삶는다. 큰 그릇에 물과 얼음 조각을 채워 준비한다.

감자를 삶는 동안, 그린빈은 윗부분을 다듬고 필요한 경우 줄기를 제거한다. 감자가 거의 익었을 때 그린빈을 넣어 부드러워질 때까지 함께 익힌다. 그린빈이 흐물거리거나 생기 없이 푹 익어버리지 않도록 주의한다. 집게로 감자와 그린빈을 건져 얼음 물에 담가 식힌다.

푹 익은 감자를 깨끗한 수건 위로 옮겨 놓고, 따뜻한 상태에서 껍질을 벗긴다. 감자를 사이즈에 따라 4등분하거나 반으로 썰어 큰 그릇에 담는다. 그린빈은 물기를 뺀 후 감자 그릇에 넣는다. 익힌 양파도 여기에 추가한다.

방울 토마토를 2등분한 후 그릇에 넣는다. 씨를 제거한 올리브를 다진 후 그릇에 담고 마늘을 다져 넣는다. 에스카롤 또는 로메인 하트를 사용한다면 헹구고 물기를 털어 작은 조각으로 썰어서 그릇에 넣는다. 병아리콩을 사용한다면, 역시 물기를 뺀 후 추가한다. 모든 재료에 소금, 후추, 그리고 건조된 오레가노를 넣어 간을 맞춘다. 레몬즙, 식초 몇 방울, 그리고 올리브 오일을 넉넉히 둘러서 드레싱을 한다. 각각의 샐러드 그릇에 달걀과 참치를 올려서 낸다.

자몽 샐러드

2인분 분량

이 샐러드는 자몽이 제철을 맞이하는 겨울에 어울리는 메뉴다. 찾는 농산물이 대부분 구입하기 어려워질 때, 실망하지 않기 위해 다른 무언가 필요할 때, 이 샐러드가 빛을 발한다. 이 요리를 완성하는 동안 빵 위에 올리브 오일과 자몽 조각을 올려 즐길 수 있다.

재료

자몽 큰 것 … 2개 (붉은 자몽도 좋지만, 이 레시피는 모든 자몽 종류와도 어울린다)

올리브 오일

소금

금방 굵게 간 흑후추, 또는 말린 칠리 페퍼 가루

조리법

자몽은 껍질을 벗긴 후, 수프림*한다. 아래에 수프림 과정을 설명해 놓았으며 이 작업을 알고 있다면 다음 세 단락을 건너뛰어도 좋다.

일단 자몽의 윗부분과 아랫부분을 자르고 껍질을 벗긴다. 접시나 도마 위에 평평하게 놓고 칼로 자몽의 윤곽을 따라 껍질과 하얀 부분을 최대한 벗긴다. 자몽의 곡선을 따라 하얀 부분을 제거하면서 과육은 손상되지 않도록 주의한다. 남아 있는 흰막의 작은 부분을 잘라낸다. 잘 드는 칼로 반복해 연습하다 보면 상단과 하단이 약간 평평하며 하얀 부분이 없이 완벽하게 벗겨진 둥근 자몽을 얻을 수 있다.

과즙을 모으기 위해 양 손 중에 주로 쓰지 않은 손으로 자몽을 잡고 아래에 그릇을 둔다. 막 사이를 잘라서 수프림 형태로 나눈다. 막 없이 거의 평평한 반달 모양의 과일 조각을 분리할 수 있다. 거의 물기가 없는 자몽 수프림을 두 접시에 나눠 담는다.

손에 든 과육이 남아 있는 자몽 덩어리는 작은 그릇 위에서 짜내어 남은 즙을 모두 모은다. 즙은 마시거나 다른 용도로 보관한다.

수프림에 올리브 오일을 얹는다. 소금과 흑후추 또는 페퍼 가루로 간을 맞춘다.

* supreme: 자몽 껍질을 제거해서 과육을 다듬고 즙을 내어, 과육을 채취하는 손질 방법.

셀러리 샐러드

2인분 분량

내가 처음으로 셀러리 샐러드를 맛본 곳은 워싱턴 D.C.의 레스토랑인 에토(피터 파스탄과 고인이 된 테드 커츠가 소유한 레스토랑)였다. 메뉴 이름은 재치 있게도 "셀러리 셀러리 셀러리"였다. 샐러드 안에는 셀러리 줄기, 셀러리 하트*, 그리고 셀러리 잎이 들어 있었다. 내 기억으로는 호두와 페코리노 치즈를 얇게 썬 것도 들어 있었다. 다음은 셀러리 샐러드 레시피 나만의 버전이다.

짙은 녹색의 신선한 잎이 그대로 풍성하게 달린 셀러리를 구입한다. 셀러리가 시들고 축 처져 보인다면 얼음물에 잠시 담가서 다시 신선하게 살릴 수 있다. 셀러리에 가는 줄기가 많다면 제거할 수도 있지만, 그렇지 않다면 먹을 때 크게 문제가 되지 않을 정도로 잘게 손질한다. 빵과 함께 곁들이고, 어린 양젖으로 만든 치즈도 사이드로 곁들이면 좋다.

재료

소금에 절인 케이퍼 ··· 약간

셀러리 ··· 1대(다발),
  셀러리 잎 ··· 몇 장

마늘 작은 것 ··· 1쪽

신선한 민트 잎 ··· 한 줌

소금 ··· 약간

레몬 ··· 1/4 또는 1/2조각

올리브 오일

금방 간 흑후추

조리법

케이퍼를 물로 헹궈 소금기를 제거한 다음, 찬물을 가득 담은 작은 그릇에 약 10분간 담가둔다.

셀러리 줄기를 얇게 반달 모양으로 썰고 그릇에 담는다. 마늘을 매우 얇게 썰고 그릇에 넣는다. 만약 셀러리 잎과 민트 잎이 작고 여린 경우, 그대로 샐러드에 넣고, 그렇지 않다면 얇게 다져서 넣어준다.

케이퍼는 건져 물기를 뺀 다음 그릇에 넣는다. 샐러드에 소금을 뿌리고 가볍게 섞어준다. 레몬즙을 조금 짜서 넣고, 올리브 오일을 살짝 두르고, 후추를 조금 뿌린 후에 다시 한번 뒤섞는다. 먹기 전에 다시 한번 흔들어 섞는다.

* 셀러리의 가장 맛있고 부드러운 중심 부분.

푼타렐레 샐러드

2인분 분량

푼타렐레(puntarelle)는 내가 가장 좋아하는 채소 중 하나다. 로마에서는 겨울 내내 샐러드의 주재료로 사용되지만, 미국 동북부 지역에서는 상대적으로 짧은 기간에만 구할 수 있다. 이것은 빵과 함께 잘 어울리는 몇 안 되는 샐러드 레시피 중 하나다. 사실, 여러 종류의 샐러드를 만들어 빵과 함께 먹으면, 소박해 보이지만 실제로는 제법 화려한 식사가 될 수 있다. 이제 다시 푼타렐레를 이야기해보자. 나는 펜실베니아 동부의 캠포 로쏘 팜에서 제시 오카모토와 크리스 필드가 재배한 농작물들을 구입할 수 있어서 정말 행운이라고 생각한다. 그들이 재배하는 특별한 치커리는 뉴욕 너머의 지역에서도 잘 알려져 있으며, 그들이 생산하는 푼타렐레는 놀라운 품질을 자랑한다(그들이 재배하는 대부분의 작물들도 마찬가지다).

푼타렐레는 아스파라거스 치커리로도 알려져 있는데, 그 이유는 싹의 끝 부분이 시각적으로 아스파라거스와 비슷하기 때문이다. 그러나 푼타렐레는 아스파라거스보다 훨씬 더 아삭하고 가볍고 상쾌한 쌉싸름한 맛이 있다. 푼타렐레로 샐러드를 만들려면, 타글리아 푼타렐라(taglia puntarella), 즉 푼타렐라 커터를 구입하는 것이 좋다. 인터넷에서 검색하면 다양한 제품들을 찾을 수 있다. 일반 칼로 푼타렐레 싹을 자를 수도 있지만 그렇게 하면 작업량이 훨씬 많아진다.

조리법

푼타렐레의 잎은 줄기에서 분리해 다른 용도로 보관한다. 이 잎들은 쌉싸름한 녹색채소, 파바콩 퓨레(237쪽) 재료로 완벽하다. 혹은 간단한 치커리 볶음에도 사용할 수 있다. 부드러운 싹들을 선택해 뿌리쪽의 섬유질이나 딱딱한 부분을 잘라낸다. 푼타렐레 커터로(또는 얇게 썰어도 됨) 얇은 조각으로 자른 다음 얼음물에 넣고, 둥글게 말아지도록 놔둔다.

한편, 작은 마늘 1쪽으로 드레싱을 만든다. 소금에 절인 앤초비 살코기 1~2개를 물에 헹궈서 준비하고, 레몬즙 약간과 올리브 오일을 조합해 드레싱을 만든다. 이 작업에는 이멀전(스틱) 블렌더 또는 기타 유화 작업이 가능한 도구를 사용할 수 있다.

푼타렐레 조각들을 건져서 물기를 털어내고, 드레싱과 약간의 소금을 넣은 그릇에 넣어 잘 섞어준다. 후추를 약간 추가할 수도 있다. 내기 전에 물에 헹궈둔 염장 앤초비 살코기를 토핑하면 완성된다.

쇠비름 샐러드

2인분 분량

쇠비름은 전 세계에서 식용으로 섭취하는 채소다. 프랑스에서는 pourpier, 이탈리아어로 porcellana, 스페인어로는 verdolaga, 터키어로는 semizotu, 아랍어로는 الرجلة로 불린다. 쇠비름은 다양한 종류의 수프, 샐러드, 스튜 등 여러 요리에 사용되며, 여러 방식으로 조리된다. 하지만 미국에서는 대부분 잡초로 간주한다. 아마도 뒷마당이나 정원에 자라거나 보도의 틈새에서 자라고 있는 것을 본 적이 있을 것이다. 사실 거의 어디에나 자라고 있을 정도로 흔하다.

쇠비름은 맛과 식감이 훌륭할 뿐만 아니라, 여름에는 대부분의 상추나 더 연한 녹색 채소보다도 더운 날씨에 적합한 샐러드 재료다. 또한 영양면에서도 탁월한데, 다른 식물보다 오메가-3 지방산을 더 많이 함유하고 있다(만일 당신이 영양적인 측면을 중시한다면). 피자 비앙카나 바삭한 빵 한 조각을 가벼운 여름 식사로 만들어보자.

재료

쇠비름 큰 것 … 1다발 (454g)

적양파 작은 것 … 1개

레드 와인 식초 … 1대쉬 (선택사항) (샐러드 드레싱용 몇 방울 별도)

오이 작은 것 … 1개

달콤한 방울 토마토 … 10~12개

신선한 민트 잎 … 몇 가닥

신선한 이탈리안 파슬리 … 몇 줄기

소금

레몬 … 1개

올리브 오일

금방 간 흑후추

조리법

쇠비름을 찬물을 가득 담은 그릇에 담가 깨끗이 씻어 손질해둔다. 얼마나 더러운지에 따라 여러 차례 들어올려서 헹궈야 할 수도 있다. 두꺼운 가운데 줄기에 붙은 패들 모양의 잎을 떼어내고, 작은 잎송이는 그대로 둔다. 주요 줄기의 더 부드러운 작은 싹들도 그대로 둔다. 줄기에는 쇠비름에 들어 있는 대부분의 식물 산화 아세트산이 다량 함유되어 있으며, 이것은 산미가 살짝 느껴지는 상쾌한 맛을 더해준다. 이 맛은 아침 일찍 채취한 쇠비름인 경우 더욱 뚜렷하게 느껴진다. 세척이 끝나면 잎과 잎송이를 키친타월이나 채소 탈수기, 또는 쓰지 않는 면 베개커버를 주머니처럼 활용해서(넣어서 닫고 빠르게 회전시킴) 물기를 털어준다. 물기를 제거한 잎들을 큰 그릇에 담는다.

양파를 위에서 뿌리 방향으로 반으로 자른 뒤 끝 부분을 제거한 다음, 각각을 세로로 얇게 썬다. 한 조각 맛을 보고 양파의 매운 맛이 너무 강하다면 식초를 약간 넣은 찬물에 약 10분간 담가둔다. 물기를 빼고 양파 조각들을 얇게 채썰어 쇠비름에 추가한다.

오이 껍질이 질긴 경우 벗겨내거나, 채소 필러를 사용해 세로로 번갈아 깎아 가로줄을 만들 수도 있다. 오이를 가로로 반으로 자르고, 숟가락 끝으로 씨를 긁어낸 다음 반달 모양으로 얇게 썰어준다. 쇠비름에 추가한다.

방울 토마토를 반으로 썰어 그릇에 넣고, 민트와 파슬리 잎을 잔가지에서 떼어내어 함께 넣어준다. 잎이 작다면 잎 통째로 넣어도 된다. 또는 쉬포네이드(chiffonade, 잎을 말아서 잘게 썬 것) 방식으로 손질할 수도 있다.

샐러드에 소금을 뿌리고 섞는다. 레드 와인 식초를 몇 방울 넣고, 레몬즙을 짜서 추가하고, 올리브 오일와 소금, 후추를 적당히 뿌린다. 다시 한번 고루 섞은 다음 먹는다.

핫 페퍼, 마늘, 민트, 겨울 호박 샐러드

2~4인분 분량

이 요리의 맛을 과소평가하면 안 된다. 그릴에 구운 빵 또는 토스트 빵 위의 토핑으로 올려도 좋고, 샌드위치의 속재료로도 훌륭하며, 사이드 디쉬로도 제격이다.

재료

밀도 높은 겨울 호박 … 약 900g

올리브 오일

소금

마늘 … 1쪽

신선한 핫 레드 칠리 페퍼 … 1개 (씨와 줄기를 제거한 것), 또는 오일에 절인 얇게 썬 핫 페퍼로 대체 가능

화이트 와인 식초

신선한 민트 잎 … 한 줌

조리법

직화를 위해 그릴을 준비한다.

예리한 칼이나 튼튼한 채소 깎는 칼로 호박의 껍질을 벗긴다. 호박을 반으로 잘라 씨를 제거한다(씨를 모아서 깨끗이 씻어 구워 먹을 수도 있다. 버려도 되니, 각자 기호에 따른다). 두께가 2.5cm를 넘지 않도록 웨지 모양으로 자르거나 그릴에 구울 수 있을 만큼의 두께로 얇게 썰어준다. 그릇에 담고 올리브 오일과 소금을 적당량 넣어 고루 버무린다. 뜨거운 불 위에서 부드럽고 군데군데 검게 그을린 부분이 생길 때까지 구워준다. 필요한 경우 뒤집어서 굽는다. 폭이 넓고 얕은 그릇에 옮겨 담는다.

마늘과 신선한 페퍼를 얇게 썰어 그릇에 넣는다. 소금으로 간한 후 식초 몇 방울과 민트를 추가한다. 추가로 올리브 오일을 두르고 부드럽게 흔들어 골고루 묻힌다. 이 상태로 실온에서 적어도 2시간 이상 숙성시킨 후에 먹는다.

또 다른 방법으로는 호박을 잘라 올리브 오일이나 원하는 튀김용 기름에서 부드러워질 때까지 튀긴 후 같은 방식으로 드레싱한다.

올리브 페퍼 소테

2인분 분량

나는 놀라울 정도로 간단한 이 요리를 나폴리에서 처음 맛보았다. 나폴리 해안이 내려다 보이는 언덕 위 동네의 빵집에서 이 요리를 먹을 기회가 생겼다. 계산대 위에는 거대한 3kg짜리 팡뇨뜨*가 놓여 있었고, 여기에서는 또한 다양한 채소 요리와 튀긴 음식 몇 가지를 팔고 있었다. 사실, 나폴리에는 이와 같은 빵집이 여러 곳 있으며, 그것이 나폴리가 내가 지구상에서 가장 좋아하는 도시 중 하나인 이유다.

나는 빵 약 250g과 카르멘 페퍼를 몇백g 구입해서, 길가에서 먹을 간단한 샌드위치를 만들었고, 이어서 산책을 계속했다.

참고: 가에타 올리브를 찾지 못한다면 터키의 "미드웨이" 올리브나 그리스 칼라마타 올리브, 심지어 알폰소 올리브도 찾아보자. 이 올리브들은 완벽하지는 않지만 사용하기 괜찮다.

재료

적양파 작은 것 … 1개

길쭉한 파프리카 … 4~5개 (중간 크기), 또는 빨간색과 노란색 피망으로 대체 가능

올리브 오일

소금

소금에 절인 가에타 올리브 … 12~15개 (씨 제거한 것)

화이트 와인 식초

신선한 이탈리안 파슬리 잎 … 몇 장

조리법

양파를 위에서 아래 방향으로 자르고, 끝 부분을 제거한 다음, 각 반쪽을 세로로 약 3~6mm 두께로 썬다.

파프리카를 위의 끝 부분을 잘라내고, 씨가 있는 부분을 제거한 다음, 가로로 반으로 자르고 대각선으로 약 2.5~4cm 폭으로 썰어준다.

팬에 올리브 오일을 두르고 양파를 넣은 뒤 중약불로 가열한다. 양파가 익기 시작하면 파프리카와 소금을 약간 넣고 저어준다. 파프리카가 거의 익어가면, 올리브를 넣고 껍질에 주름이 잡히기 시작할 때까지 계속 익힌다 (약 30분). 팬에 식초 1~2큰술 넣어 눌은 것을 떼어낸 (디글레이징) 다음 불에서 내린다. 파슬리 잎을 섞어준 후 실온에서 먹는다.

---

* pagnottee: 길쭉한 모양의 빵.

콩과 완두콩

여기 빵과 콩 요리, 그리고 콩 요리의 조합이 있다. 나는 요리들을 빵과 함께 먹는 것을 강력히 추천한다. 한때 나는 '빈 월드'라는 이름의 콩 요리 전문 레스토랑을 열어보고 싶은 판타지가 있었다. 하지만 현실적으로 좋은 반응을 얻기 힘들 거라는 사실을 알기에 실제로는 실행에 옮기지는 않았다. (그래도 내가 개인 베이커리를 오픈하기 이전에, 피츠버그의 비터 엔즈나 맨해튼의 브룩스 헤들리스 수페리어리티 버거에서 빈 월드 팝업 이벤트를 진행했다. 단돈 5달러에 품질 좋은 콩과 좋은 빵을 판매한 덕분에 이 팝업 이벤트는 많은 인기를 끌었다.) 어쨌든 요리 재료로 빵을 사용하든, 콩이나 접시 위의 소스를 훑어서 먹을 목적으로 곁들이든, 빵과 콩은 아름답지는 않더라도 요리에서는 아주 완벽한 조합이다.

콩에 대한 몇 가지 사실들

콩을 조리하기 위한 첫 단계는 적절한 콩을 구입하는 것이다. 하지만 이는 생각보다 제법 까다롭다. 대부분의 식료품점에서 판매하는 콩들은 품질이 별로 좋지 않다. 많은 식료품점의 경우, 대량 구매 코너에 진열된 건조된 콩들은 회전율이 신선도를 유지할 정도가 되지 못한다.

제품 포장을 봐도 콩이 언제 수확되었는지, 어떻게 저장되었는지 (그리고 얼마나 오래), 심지어 처음에 어디에서 왔는지를 명확하게 표기하지 않은 경우가 많다. 콩들은 여러 농장에서 다양한 상태로 배송되었을 수도 있으며, 증량을 위해 2년도 전에 수확한 콩을 작년에 수확한 것과 섞어서 포장했을 수도 있다.

"누가 신경이나 쓰겠어?"라고 대수롭지 않게 생각하기가 쉽다. 왜냐하면 콩은 건조되어 판매되는 식품이기 때문이다. 그러니까 상할 걱정은 할 필요가 없다고 생각할 수 있다. 사실, 콩 자체를 먹을 수 없는 것은 아니다. 그렇지만 오래된 콩은 신선한 콩과는 조리하는 방식이 다르다. 완전히 부서져서 찌그러지거나 어떤 콩은 살짝 딱딱한 상태로 남을 수가 있다. 많은 사람들이 이러한 이유로 건조시킨 콩을 사길 꺼리고, 그 대신 통조림 콩을 선택한다. 이런 일이 당신에게 일어났다면, 아마도 당신의 잘못은 아닐 것이다. 그저 형편없는 콩을 샀을 뿐이다.

실망할 필요는 없다. 좋은 콩을 찾으면 모든 것이 해결될 것이다. 갓 수확한 콩만 판매하고, 콩을 섬세하게 취급하며 판매하는 공급 업체를 찾아보자. 랜초 고르도*, 저르선** 같은 아이다호주의 회사처럼 품질 좋은 콩을 공급하는 업체들이 있다. 미국 내에는 다양한 콩을 재배하고 농산물 시장에서 판매하는 소규모 농가들이 늘어나고 있다. 이렇게 하면 농가에 직접 콩에 대해 궁금한 점을 물어볼 수 있으며 품질을 확신하게 된다. 이렇게 갓 수확한 신선한 콩은 일반 식료품점에서 파는 콩보다 훨씬 비싸지만, 그만큼의 가치가 있다. 더 저렴한 대안은 콩을 좋아하는 구매자들의 취향을 맞춰 판매하는 다양한 국제 시장에서 콩을 구입하는 것이다. 이렇게 하면 상품은 순환되고, 이런 소비자들의 요구를 충족시키기 위해 더 나은 제품을 구비할 수 있다.

그다음 단계는, '콩을 물에 불릴 것인가 아니면 불리지 않고 삶을 것인가?'에 대한 문제다. 갓 수확한 콩을 올바르게 저장했다면 불려서 삶을 필요가 없다. 불려서 삶으면 콩에 피해를 주지 않으면서 조리 시간을 약간 단축시킬 수 있다. 결국 당신의 선택에 달려 있는 것이다. 그러나 병아리콩이나 파바콩은 완전히 익히기가 어렵기 때문에 반드시 불려서 삶아야 한다. 또한 모든 콩은 모래나 먼지, 이물질이 없는지 확인하는 작업이 필요하다. 이후, 콩을 물로 헹구고 찬물에 밤새 불리거나 바로 냄비에 넣고 조리한다.

냄비의 선택도 중요하다. 콩을 요리하는 제일 좋은 방법은 점토 그릇을 사용하는 것이다. 유약을 바르거나 바르지 않은 테라코타는 완벽한 요리 용기다. 사람들은 점토 냄비와 콩이 존재한 시절부터 콩을 점토로 요리해왔다. 만약 점토 냄비가 없다면, 가장 무거운 뚜껑이 있는 냄비를 사용하면 된다. 유약을 칠한 무쇠냄비도 좋은 대체재다.

전날 콩을 불렸다면, 물을 따라낸 뒤 콩을 헹군다. 준비해둔 냄비에 콩을 넣고 깨끗한 물을 붓는다. 물은 생각보다 많이 필요하지 않은데, 콩을 약 2.5cm 정도 덮을 양이면 충분하다. 물이 너무 많으면 콩의 맛이 희석되고, 조리한 물이 쓸모없게 된다.

이 단계에서는 기호에 따라 일부 향신료를 추가할 수 있다. 원하는 대로 마늘 1~2쪽이나 양파, 셀러리, 당근, 파슬리, 월계수 잎, 통후추 몇 알을 넣으면 된다. 이는 콩을 사용하는 목적에 따라 달라진다. 나는 대부분 콩을 간단하게 조리하는 편이다. 향신료 없이 요리

* 캘리포니아의 가보 콩 품종 전문 생산, 판매업자.
** 미국의 오래된 아이다호 에어룸 빈 공급업체.

하는 이유는 콩의 맛을 좋아하기 때문이기도 하지만, 조리된 콩을 좀더 자유롭고 다양하게 활용할 수 있기 때문이다.

콩에 소금을 일찍 넣는 것이 조리 방법에 영향을 주는지에 대해서는 논란이 있다. 나는 요리가 끝날 때까지 소금을 넣지 않는다. 콩이 최상급이라면 이 문제는 그렇게 중요하지 않다고 생각한다.

뚜껑을 덮고 약한 불로 끓인다. 만약 점토 냄비를 사용한다면, 열 전달을 조절하는 열 분산 판(heat diffuser)을 사용한다. 점토 냄비를 사용하지 않더라도 열 분산 판이 있다면 사용하도록 한다. 목표는 콩을 균일하게 천천히 익히는 것이다. 끓어오르기 시작하면 거품을 걷어내고 뚜껑을 다시 덮는다. 천천히, 부드럽게 조리하고 이따금씩 콩을 확인한다. 조리 과정에서 콩이 많이 부풀어 오르고 물을 많이 흡수해 냄비의 물이 줄었다면 끓는 물을 추가한다. 콩이 부드러워지면 소금으로 간을 맞춘다.

익힌 콩은 국물에 담긴 채로 냉장고에 보관한다. 국물을 버리지 않는다. 이 물은 콩 요리에 수분을 추가해야 할 때 유용하며, 물만 넣는 것보다 맛과 질감이 더 좋아진다.

또 다른 방법으로, 오븐에서 콩을 조리할 수도 있다. 베이킹 디쉬나 팬에 콩을 넣고 물을 2.5cm 정도 콩을 덮을 만큼 붓는다. 쿠킹 호일로 빈틈없이 덮고, 93℃(낮은 온도로도 가능하다. 나는 개인적으로 매우 천천히 익힌 콩의 질감을 제일 좋아한다)로 설정된 오븐에 넣고 조리한다. 완료될 때까지 주기적으로 상태를 확인한다. 위에 설명한 소금간, 냉각, 보관 방법을 따른다.

통조림 콩에 대한 주의사항: 통조림 콩은 되도록 사용하지 말자. 이 콩은 금속 맛이 난다. 모두가 바쁜 삶을 살아가고 있으며, 통조림 콩이 조리 시간을 절약한다고 말하는 것을 알고 있다. 그러나 건조 상태의 콩을 조리하는 것은 어렵지 않으며, 실제로 슬로우 쿠킹 과정은 대부분 자동으로 이뤄지므로 다른 작업을 동시에 할 수 있다. 반드시 통조림 콩을 사용해야 한다면, BPA 프리 종이 팩이나 유리병에 든 것을 구입하도록 한다. 이 같은 용기에 든 콩은 금속 성분의 맛이 나지 않는다.

콩을 넣은 판코토

2~3인분 분량

이 콩 요리는 그다지 매력적이지 않다. 데이트 상대에게 잘 보이고 싶거나 열정적인 밤을 준비하기 위해(당신의 상대가 매우 놀라울 정도로 특별한 경우가 아닌 이상) 이 콩 수프를 만들고 싶지는 않을 것이다. 베이지 색상의 판코토는 먹고 나서 다소 더부룩할 수도 있지만, 만들기도 매우 간단하고, 깊은 만족감을 주며, 위로가 되는 요리 중 하나다. 에스카롤 또는 브로콜리 라비, 파, 카르둔, 아스파라거스 또는 다양한 계절 채소를 자유롭게 추가해보라.

조리법

중강불로 큰 팬을 예열한다. 팬에 올리브 오일을 충분히 두른 후 양파를 넣어 잘 섞어준다.

중약불로 줄인 후 양파가 부드럽고 투명해질 때까지 6~10분간 천천히 볶는다. 페퍼를 넣고 향이 나도록 몇 분 동안 저어준 다음 빵 조각을 넣고 잘 섞어준다.

익힌 흰 콩과 콩 삶은 물을 넣는다. 콩과 빵이 거의 잠기지 않았다면, 필요한 만큼 물과 소금을 추가한다(콩과 빵에 이미 소금으로 간이 되어 있다).

불을 줄인 후 이따금 빵 조각을 부숴가며 부드러워질 때까지 저어주며 끓여준다. 콩과 빵이 익고 부피가 커지면 더 자주 저어준다. 필요하면 콩 삶은 물이나 물을 조금 더 추가한다. 빵이 완전히 부드러워지면 다 된 것이다. 팬 안의 내용물이 묽은 죽처럼 될 때까지 콩 삶은 물이나 물을 넣어 농도를 맞춘다. 소금으로 간을 한다.

얕은 그릇(또는 그릇 여러 개)에 오일을 두르고 필요하면 씨를 제거한 다진 칠리 페퍼를 넣어 먹는다.

재료

올리브 오일

적양파 작은 것 … 1개 (잘게 다진 것)

말린 핫 칠리 페퍼 작은 것 … 1개 (씨를 제거하고 잘게 다진 것) (서빙용)

묵은 빵 … 200g (크러스트 부분 포함) (한 입 크기로 찢은 것)

익힌 흰 콩 … 425g (삶은 물도 함께 준비)

소금

푼타렐레, 튀긴 빵,
말린 완두콩 요리

2~4인분 분량

이 요리는 이탈리아 풀리아 지방의 전통 요리 중 하나로, 이 지역은 품질 좋은 빵을 생산하기로 유명하다. 다양한 변형 레시피들이 있으며, 병아리콩이나 다른 작은 콩류와 다양한 종류의 쌉싸름한 채소를 사용할 수 있다. 이 요리의 핵심은 튀긴 빵 조각이다. 빵이 다른 재료와 함께 익으면서 더 부드럽고 죽처럼 조리되는 판코토의 다른 버전과 달리, 빵 조각을 튀기면 더 오래 바삭바삭하게 유지되며, 일부가 육수를 흡수하면서 부드러워져 식감이 좋아진다. 일부 요리사들은 빵을 크게 자르는 것을 선호하지만, 나는 완두콩 크기 정도로 잘라서, 완전히 부드러워지기 전에도 먹을 수 있도록 조리하는 것을 좋아한다.

조리법

완두콩을 하루 동안 불린다. 불린 완두콩을 냄비에 넣고 약 2.5~4cm 정도 물을 부어 콩을 충분히 잠기게 한 다음 양파 반쪽과 파슬리를 넣는다. 끓이면서 가볍게 소금을 넣고, 불을 줄여서 살짝 끓여준다. 부드럽게 익히기 위해 뚜껑을 덮고 약 1시간 반에서 2시간 동안 끓인다. 완두콩 종류에 따라 시간이 더 걸릴 수도 있다. 간을 확인하고 따로 놓아둔다.

한편, 빵을 약 0.5~1cm 크기 큐브로 자른다. 빵 조각 한 줌 정도가 들어갈 만한 냄비에 올리브 오일을 넣고 중불에서 약 177℃로 가열한다. 온도계가 없다면, 빵 조각으로 기름 온도를 테스트한다. 몇 초 안에 튀겨지기 시작하고 색이 변한다면 대략 적당한 온도. 기름에서 연기가 나지 않도록 불을 조절한다. 잘라둔 빵 큐브 조각을 여러 번에 나눠 금빛 갈색이 되고 바삭바삭해질 때까지 튀긴 뒤, 체로 건져 키친타월에 놓고 기름을 뺀다. 남은 기름은 따로 보관한다.

큰 그릇에 물과 얼음을 담아 준비한다. 큰 냄비에 물을 가득 채워 끓

재료

말린 완두콩 … 250g

양파 작은 것 … 1개 (절반으로 자른 것)

신선한 이탈리안 파슬리 … 몇 줄기

소금

묵은 빵 … 몇 조각

튀김용 올리브 오일,
   또는 선호하는 기름

푼타렐레 윗부분 채소 … 1kg,
   또는 민들레속, 또는 브로콜리 라베

마늘 … 2~3쪽

말린 핫 레드 칠리 페퍼 … 1~2개

페퍼로니 크루스키 (선택사항) (136쪽 참조)

인 뒤 소금을 충분히 넣은 후 냄비 크기에 따라 채소를 여러 번에 나
눠서 몇 분간 데친다. 익은 채소를 건져낸 후 얼음물에 담가 식힌다.
식힌 채소는 얼음물에서 꺼내 손으로 짜서 물기를 뺀 후, 채썰어둔다.

마늘을 가볍게 눌러서 으깬 후, 넓고 얕은 팬에 페퍼와 올리브 오일
과 함께 넣고 중불로 가열한다. 마늘이 익기 시작하면, 채썬 채소를
넣고 가볍게 소금을 뿌린 후 섞는다.

몇 분간 볶다가 삶은 완두콩과 완두콩 삶은 물을 넣어 전체 농도를
묽게 유지되도록 한다. 국물 요리를 만드는 것은 아니지만 요리가 마
르지 않도록 유의하자. 약 30분 동안 끓여 모든 재료가 잘 섞이도록
하고, 요리의 물기가 마르기 시작하면 완두콩 삶은 물을 더 추가한
다. 입맛에 맞게 소금으로 간을 한다.

페퍼로니 크루스키를 사용하는 경우, 빵 큐브를 튀긴 동일한 기름에
몇 초 동안 튀겨 바삭하게 만든 후, 키친타월에 놓고 기름을 뺀다. 가
볍게 소금을 뿌린다.

각 그릇에 튀긴 빵을 한 줌 담고, 채소와 완두콩을 그릇에 덜어 그
위에 국물을 조금 부어준다. 원하는 경우 튀긴 빵 몇 조각과 페퍼로
니 크루스키, 페퍼를 조금 얹은 후, 품질 좋은 올리브 오일을 더해 마
무리한다.

녹색 채소와 콩 요리

2~4인분 분량

재료

에스카롤 머리 부분 큰 것 … 2~3개

삶은 흰 콩 … 552g (삶은 물도 함께 준비)

올리브 오일

마늘 … 2쪽

말린 핫 레드 칠리 페퍼 작은 것 … 1개 (씨를 제거하고 곱게
　다진 칠리 페퍼) (서빙용)

소금

나는 어릴 때부터 채소와 콩을 먹으며 자랐다. 나는 이것을 피츠버
그의 전형적인 음식으로 생각한다. 내가 기억하는 한, 피츠버그의 거
의 모든 이탈리아 레스토랑에서 오랫동안 판매되어 왔으며, 분명히
더 긴 역사를 자랑한다고 확신한다. 저마다 자신만의 레시피를 가지
고 있으며, 에스카롤 대신에 시금치나 케일 또는 채소 믹스를 사용하
거나, 여기서 나열한 콩 대신에 블랙아이드피나 볼로티콩을 사용할
수도 있다. 위에 튀긴 달걀이나 소시지 또는 치즈를 뿌릴 수도 있다.
하지만 여기에 적셔 먹을 만한 빵과 함께가 아니면, 완성된 요리라고
할 수 없다.

　채소와 콩의 조합은 자연스러우며, 세계의 거의 모든 음식 중 콩
을 사용하는 요리에서 찾아볼 수가 있다. 이 버전은 내가 먹고 자란
것보다 캄파니아의 스카롤라 에 파조리와 훨씬 가깝다. 이것은 겸손
하고, 정직하고, 단순한 가정식이며, 피츠버그나 이탈리아 남부의 오
스테리아 특정 지역 외에는 레스토랑 메뉴에서 찾을 수 없을 것이다.
내 생각에, 이것은 당신이 먹을 수 있는 가장 위대한 음식 중 하나다.
이 요리에 사용할 콩으로는 카넬리니 또는 콘트로네이며 더 특별한
것을 원한다면 덴테 디 모르토를 추천한다. (꼭 필요하다면 그레이트 노던
콩을 사용할 수도 있지만, 그 질감은 이상적이지 않을 것이다.)

조리법

에스카롤은 다루기 까다롭고 잎 사이에 모래나 먼지가 숨어 있기 쉽
기 때문에, 찬물로 여러 번 깨끗이 씻어준다. 이 요리에 사용할 에스
카롤 잎은 가장 녹색 부분만 잘라서 사용한다. 흰색과 노란색 부분
은 조리 시 갈변을 일으키며 볼품없어 보인다. 이 부분은 샐러드나
샌드위치에 넣어 생으로 먹는다. 에스카롤에서 지나치게 쓴맛이 난
다면, 조리하기 전 팔팔 끓는 소금물로 데쳐보자. 데쳤든 아니든, 한
입 크기로 잘라준다.

삶은 콩의 약 1/3을 건져서 푸드 프로세서나 블렌더에서 곱게 갈거

나, 절구에서 으깨어준다. 그런 다음 콩 삶은 물에 다시 넣고 잘 섞어서 되직하게 만든다.

에스카롤과 콩이 모두 들어갈 만큼 큰 냄비에 올리브 오일을 조금 두르고 마늘과 페퍼를 넣은 후 약불로 가열한다. 마늘과 페퍼 향이 천천히 오일에 입혀진다. 마늘이 지글거리고 황금빛이 나기 시작할 때까지 약 6분간 골고루 섞어준다.

에스카롤을 넣고, 적당히 소금으로 간을 해서 중불에서 볶는다. 채소의 숨이 죽고 마늘과 페퍼의 향이 잘 스며들 때까지 약 10분 동안 볶아준다. 한편 되직해진 간 콩과 콩 삶은 물에 소금을 약간 넣은 후 에스카롤이 담긴 큰 냄비에 붓고 15분간 끓인다. 약불에서 오래 끓일수록 요리가 맛있어진다. 아주 낮은 온도에서 최대 1시간 동안 끓일 수 있지만, 그 이후에는 에스카롤이 갈색으로 변하기 시작하므로 풍미를 해치지 않을 만큼만 요리한다. 페퍼와 마늘 조각을 모두 건져낸 후 필요한 만큼 소금으로 간을 한다.

그릇에 구운 빵을 담고 에스카롤과 콩을 올린다. 올리브 오일과 다진 페퍼를 조금 뿌린다. 나는 에스카롤과 콩이 걸쭉하고, 그릇 바닥에는 국물이 살짝 있는 상태를 좋아한다. 일부 사람들은 좀더 국물이 있는 것을 선호하기도 한다.

말린 밤, 흰 콩 스프

재료

밤 … 200g (껍질 까서 말린 것)

말린 흰 콩 … 200g (카넬리니 등)

마늘 … 1쪽

올리브 오일

말린 레드 칠리 페퍼 … 1개 (서빙용 별도)

월계수 잎 … 2장 (신선한 것 또는 말린 것)

소금

신선한 파슬리 잎 … 몇 장 (선택사항)

2인분 분량 (3~4컵)

나는 어릴 때부터 피츠버그에 자리한 이탈리아 시장에 가는 것을 좋아했다. 그곳에는 육류, 치즈, 올리브, 올리브 오일, 식초, 파스타 건면이 선반에 가득 진열되어 있었다. 어린 나는 이 재료들로 무엇을 만들 수 있는지 꽤 잘 알고 있었으나, 항상 가게에 있는 좀더 독특한 물품들에 눈길이 끌렸다. 바칼라(염장 대구), 말린 밤을 가득 담은 통, 말린 케럽콩 껍질 등이 담긴 상자들을 보며 나는 사람들이 그것들로 무엇을 하는지 궁금했다. 성인이 된 후 가장 큰 즐거움 중 하나는 그 질문에 대한 답을 배우는 것이었다. 나는 바칼라와 밤을 사용하는 다양한 요리를 만드는 법을 배웠다. 하지만 아직 말린 케럽콩 껍질을 정확히 이해하지는 못했다. 그것은 여전히 인생의 미스터리 중 하나로 남아 있다.

살고 있는 지역의 이탈리아 시장에서 말린 밤(흔히 "castagne spezzate"라고 표시됨)을 찾을 수 없다면 온라인으로 좋은 공급 업체를 찾아보자. 겨울에 제철을 맞는 신선한 밤으로 이 수프를 약간 변형시킨 버전을 만들 수도 있지만, 밤을 조리하기 전에 밤에 칼집을 넣고 데치고 껍질을 벗기는 것은 훨씬 더 많은 작업이 필요한다(그렇게 한다면 아래의 설명된 조리 시간보다 짧게 걸린다). 이 요리의 백미 중 하나는 잘 구비된 팬트리(그렇다. 우리 모두 겨울을 버틸 수 있는 말린 밤을 구할 수 있어야 한다)와 약간의 선견지명만 있다면, 식탁에 놓을 빵 한 덩이만 구해 훌륭한 식사를 준비할 수 있다.

조리법

밤과 콩을 별도의 용기에 넣고 2.5cm 정도 덮을 만큼 찬물을 부어 하룻밤 충분히 담가둔다.

마늘을 손바닥이나 칼날 옆면으로 눌러서 으깬다. 바닥이 무거운 냄비(가급적 점토로 된 것이 좋으나 주철도 가능)에 올리브 오일을 살짝 두른 후 마늘과 페퍼를 넣고 약불에서 가열한다. 한편 다른 냄비에 물(적어도 4컵)을 넣고 끓여 준비한다.

마늘이 냄비 바닥에서 지글지글 소리를 내기 시작하면, 전날 불려둔 콩을 체에 밭쳐 물기를 빼고 냄비에 넣어 잘 섞은 뒤, 끓는 물을 2.5cm 정도 덮을 만큼 부어준다. 월계수 잎을 넣고 뚜껑을 덮어 중약불에서 천천히 익힌다.

약 1시간 후, 전날 불려둔 밤을 체에 밭쳐 물기를 빼고, 밤에 붙어 있는 이물질을 제거한다. 밤이 크다면 손으로 쪼갠 다음 콩이 담긴 냄비에 넣는다. 필요하면 끓는 물을 조금 더 넣고 뚜껑을 덮어 콩과 밤이 모두 부드러워질 때까지(약 1시간 30분) 계속 익힌다. 월계수 잎, 페퍼, 마늘(완전히 녹지 않았다면)은 건져 버린다. 맛을 본 후 필요하면 소금으로 간을 하고 불을 끈다. 핸드 블렌더 또는 푸드 프로세서를 사용해 수프의 일부를 퓌레처럼 걸쭉하게 만들 수도 있다.

그릇에 담고 올리브 오일을 뿌린 후 잘게 다지거나 굵게 간 페퍼를 뿌린다. 파슬리 잎으로 장식한다.

쌉싸름한 녹색채소, 파바콩 퓨레

6~8인분 분량

이 요리는 콩과 채소라는 넓은 범주에 속하는 또 다른 요리로, 수프처럼 보이지 않고 콩을 감자와 함께 조리해 만족스러운 퓨레가 된다. 이 요리는 주로 이탈리아 폴리아 지방의 음식과 연관되지만, 이탈리아 남부 전역에서 이 요리의 변형을 찾아볼 수 있으며, 지중해 전역에서 비슷한 요리를 흔히 만날 수 있다. 파바콩은 아메리카가 발견되기 전 유럽과 중동에 존재했던 몇 안 되는 구세계 콩 중 하나다. 여기에는 필요한 재료에 빵을 넣진 않았지만, 빵은 이 요리에서 반드시 필요하다. 빵을 작은 조각으로 찢어서 파바콩 퓨레에 섞거나, 작게 튀긴 빵 조각으로 덮은 요리를 만들 수도 있다.

재료

말린 파바콩 … 454g (껍질 벗겨 조각낸 것)

감자 큰 것 … 1개,
　또는 화이트 또는 노란 속살 감자 모두 가능

소금

올리브 오일

푼타렐레 또는 민들레속 채소

마늘 큰 것 … 1쪽

말린 레드 칠리 페퍼 작은 것 … 1개

간 레드 페퍼 (서빙용)

빵 (서빙용)

조리법

파바콩에 찬물을 약 2.5cm 정도 덮을 만큼 붓고 하룻밤 충분히 불린다.

다음 날, 파바콩을 체에 받쳐 물을 버리고 바닥이 두꺼운 냄비에 담는다. 가급적 점토 냄비가 좋고, 열 분산 판 위에 올려 놓는다. 감자는 껍질을 벗기고 얇게 썰어 넣고, 콩과 감자를 딱 덮을 만큼의 신선한 물을 추가한 후 뚜껑을 덮은 다음 약불로 둔다. 가능한 천천히 조리하되, 중약불로 올리고 가끔 저어가며 필요에 따라 조금씩 물을 추가한다. 콩이 완전히 부드러워지고 감자가 녹아서 형체가 없어지는 데 대략 4시간이 걸릴 것이다. 이 단계에서는 되직하고, 매끄럽고 균일한 퓨레가 될 수 있게 으깬다. 소금으로 간을 하고, 올리브 오일을 넉넉히 넣은 후 불을 끈다.

큰 냄비에 물을 넉넉히 끓여 소금을 넉넉하게 넣고 물이 팔팔 끓으면 채소를 넣고 부드러워질 때까지 1~2분 정도 데쳐준다. 건져서 체에 밭치고 물은 버린다.

마늘을 으깬 후 올리브 오일을 살짝 두른 팬에 넣는다. 중약불로 가열한다. 마늘이 지글지글 끓기 시작하면 페퍼를 넣은 다음, 방금 체에 밭쳐 물을 뺀 채소를 넣어준다. 소금을 뿌리고, 채소가 숨이 죽고 마늘과 페퍼의 향이 스며들게 가끔 저어준다. 마늘과 페퍼는 꺼낸다.

파바콩 퓨레를 얕은 그릇에 각각 나눠 담고, 각 그릇에 볶은 채소를 얹는다. 채소 위에 올리브 오일을 넉넉히 뿌리고, 테이블에 간 레드 페퍼를 함께 낸다.

레브레비

4~6인분 분량

레브레비(leblebi)는 지금껏 빵으로 만든 요리 중 가장 흥미롭다. 튀니지에서는 아침 식사로 흔히 먹으며, 전국 대부분의 대중 음식점에서 먹을 수 있다.

일반적으로 주문하면 큰 세라믹 그릇에 숟가락 2개와 오래된 바게트 빵(공장에서 생산되는 경우가 대부분이지만, 이 요리와는 잘 어울린다) 반 개가 나온다. 경우에 따라, 레브레비가 음식점에서 파는 유일한 음식이라면, 테이블 위에 미리 차려져 있을 수도 있다.

조리사가 요리를 하는 동안, 그릇에 있는 바게트 빵을 작은 조각으로 찢어 놓는다. 웨이터가 와서 찢은 빵 위에 병아리콩과 그 국물을 한두 숟가락 넣고, 쿠민 한 스푼과 다진 마늘을 얹은 후, 하리사 소스와 기름을 넉넉하게 넣고, 마지막으로 날달걀을 깨뜨린다. 이 과정은 매우 빠르게 진행된다. 경우에 따라, 사람들은 레몬즙을 조금 넣거나, 식초 몇 방울을 뿌리거나, 케이퍼를 뿌리거나, 피클과 참치를 한 숟가락 더할 수도 있지만, 이것은 항상 필요한 것은 아니며 필수적인 것도 아니다.

모든 재료가 그릇에 담기면, 숟가락 2개를 사용해 모든 재료를 섞는다. 병아리콩 국물에 젖은 빵은 매우 부드러워지고, 병아리콩의 열로 달걀이 조금 익는다. 요리는 전체적으로 아주 먹음직한 죽 형태를 띤다.

빵에 대해서: 바게트 빵이 없다면 다른 종류의 빵을 사용해도 되지만, 빵의 신선도나 단단한 정도에 따라 빵을 병아리콩 국물에 먼저 넣어야 할 수도 있다. 바게트는 비교적 빨리 부드러워진다.

먹으면서 조금 묽다고 느끼면 입맛에 맞게 빵을 더 추가하면 된다.

보통 한 그릇의 양은 꽤 많지만, 쉽게 다 먹을 수 있고, 만족스런 포만감을 느끼게 될 것이다.

나는 집에서 레브레비를 만들 때, 아침보다는 점심에 먹는 것을 선호한다. 물론 언제 먹든지 상관없이 매우 훌륭한 요리다.

.

재료

말린 병아리콩 … 500g (밤새 불려둔 것)

적양파 … 1개

파바콩 … 한 줌 (껍질을 벗기고 쪼갠 것) (선택사항)

소금

하루 지난 바게트 … 1인당 반 개 (필요에 따라 추가)

간 쿠민 … 1인당 약 1/4작은술

마늘 … 4~6쪽 (소금 한꼬집 넣어 절구에서 빻은 것)

하리사 소스 (242쪽 참조)

달걀 … 4~6개 (날달걀, 수란 또는 반숙란 모두 가능)

조리법

병아리콩을 체에 받쳐 물을 뺀 다음, 큰 냄비에 넣고, 만약 사용한다면 파바콩과 함께 통 양파도 넣는다. 재료에 약 5~7.5cm 정도 덮을 만큼 물을 부은 뒤 소금을 약간 넣어 끓여준다. 뚜껑을 열고 매우 부드러워질 때까지 끓인다. 파바콩을 넣었다면 완전히 녹아서 국물에 질감을 더해줄 것이다. 양파를 건져내고, 필요하면 소금으로 간을 더한다.

또는 오븐에서 병아리콩을 조리할 수도 있다(223쪽 콩에 대한 몇 가지 사실들 참고). 물로 덮여 있도록 주기적으로 확인해준다. 전체 요리가 이 과정에 달려 있다.

병아리콩을 미리 조리할 경우엔 국물에서 식힐 때 더 맛이 좋을 수 있으므로, 차리기 전에 다시 데워준다.

준비가 되면 빵을 개별 그릇에 찢어 넣는다(또는 위의 참고사항에 따라 조리한다). 삶은 뜨거운 병아리콩을 국물과 함께 빵 위에 푸짐하게 올린다. 각 그릇에 쿠민을 뿌리고, 다진 마늘, 하리사 소스 한 숟가락, 넉넉한 양의 올리브 오일, 그리고 달걀을 넣는다. 잘 섞고 따뜻할 때 먹는다.

하리사 소스

4~5인분 분량

하리사는 가장 기본적인 튀니지 음식 소스이며 레브레비를 만드는
데 필수 재료다. 리비아, 알제리의 일부 지역에서 즐겨 먹으며, 모로
코, 그리고 북아프리카 인구가 더 밀집된 서부 시칠리아의 쿠스쿠스
를 먹는 지역에서도 가끔 사용하는 재료다. 하리사는 지난 몇십 년
동안 전 세계적으로 인기가 높아졌다.

미국에는 몇몇 상표의 하리사가 판매되고 있다. 하지만 안타깝게
도 대부분은 튀니지에서 사용하는 유형의 하리사와 크게 관련이 없
거나 품질이 별로 좋지 않다. 하리사를 만들고 싶지 않다면, 적어도
튀니지의 소규모 생산자가 최소한의 재료로 제조한 것을 찾아보는
것이 좋다.

가장 단순한 종류는 건조되었다가 물에 불린 나베울 페퍼와 소금
만으로 만든 페이스트다. 그러나 종종 마늘과 캐러웨이로 향을 내기
도 하고 때때로 고수나 쿠민으로 맛을 낸 경우도 있다. 나베울 페퍼
는 미국에서 거의 찾을 수 없으므로, 종류가 다른 건조 페퍼를 혼합
하는 것이 합리적이다. 나베울은 맵지만, 정신없이 매운 정도는 아니
며, 건포도와 스톤 프룻*의 복잡한 향이 있다. 튀니지산 하리사의 본
래 특성에 충실하면서도, 여러분의 취향에 맞게 페퍼 종류와 각각의
비율을 조정할 수 있다. 나는 사용하기 편리하게 갖고 있던 이탈리아
건조 페퍼를 사용했지만, 과히요, 뉴멕시코, 아르볼 페퍼의 조합으로
도 성공했다. 스모키한 느낌을 조금 더하고 싶다면 모리타 페퍼 1~2
개를 넣어도 되지만, 과하게 넣지는 않는다.

'하리사'라는 단어는 아랍어로 "두드리거나 잘게 부수다"라는 뜻
의 단어에서 유래했다. 전통적으로 이 조미료는 무거운 절구로 빻아
만들기 때문이다. 소량을 만들 때에도 절구는 여전히 좋은 도구지만,
블렌더나 푸드 프로세서를 사용해 속도와 편리함을 누릴 수 있다. 칼
날이 갈기보다는 다지기용으로 설계되어 있어서 다소 결과물이 다
를 수 있지만, 비슷하게 만들 수는 있다. 나는 블렌더를 사용해 운좋
게 더 나은 질감을 얻었지만, 이와 같은 작업을 하면서 블렌더 모터
를 한 번 이상 태워본 적이 있다. 그리고 기기의 플라스틱 용기를 더
럽힐 수 있으니 이 점을 유념하면서, 주의를 기울여 사용하도록 하자.

재료

말린 칼라브리아 스윗 칠리 페퍼 … 300g
    또는 과히요, 뉴멕시코, 아르볼 페퍼를 혼합한 것으로
    대체 가능

말린 칼라브리아 핫 칠리 페퍼 … 40g

마늘 … 3~5쪽

구운 캐러웨이 씨앗 … 10g

소금 … 30g

올리브 오일

* stone fruit: '핵과'라고도 부른다. 과일 내부에 단단한 씨가 핵을
이루고, 중간층 과피는 과육이 있는 과일.

조리법

페퍼의 줄기와 페퍼 속에 있는 씨 부분을 제거한다. 이때 페퍼의 매운 성분으로부터 보호하기 위해 장갑과 마스크를 착용하는 것이 좋다.

페퍼를 그릇에 담고 뜨거운 물(끓지 않는)을 부어 완전히 부드러워질 때까지 2~4시간 불려둔다. 페퍼가 완전히 물에 잠기도록 위에 무거운 그릇을 올려도 된다. 페퍼가 불었다면 약간의 물을 따로 두고, 물을 버린다.

블렌더나 푸드 프로세서(또는 절구) 그릇에 마늘(입맛에 맞게)과 캐러웨이 씨앗과 소금을 넣는다. 잘 갈아서 고운 분말로 만든다.

물기를 잘 뺀 페퍼를 여러 번 나눠 넣고 작동시켜 뻑뻑하고 농축된 페이스트를 만든다. 재료가 안에서 움직이며 갈리게 하기 위해 꼭 필요한 경우 불린 물을 한 숟가락 넣을 수 있지만, 가능하다면 안 넣는 것이 좋다. 최대한 농도를 되직하게 만드는 것이 좋다.

깨끗한 유리병에 담아, 위쪽에 2cm 이상 공간이 남지 않게 한다. 올리브 오일로 표면을 덮고 병을 밀봉한 후 냉장실에 보관한다. 바로 먹을 수 있으며 사용할 때마다 오일로 표면을 덮으면 약 두 달간 보관할 수 있다.

병아리콩 샐러드

2인분 분량

이 샐러드는 나파 밸리의 랜초 고르도에서 주문한 콩으로 만들면 훨씬 더 맛있다.

　이를 맛보면 통조림 콩을 다시는 찾지 않을 수도 있다. 기호에 따라 콩을 삶아서 4등분한 달걀과 통조림 참치와 함께 먹으면 좋다. 빵을 수저나 부수적인 요리로 활용한다.

재료

말린 병아리콩 … 250g (하룻밤 불린 후, 삶아서 조리한 물에서 그대로 식힌 것)

셀러리 … 1~2줄기 (기호에 따라 잎 몇 장)

신선한 이탈리안 파슬리 … 몇 장

적양파 작은 것 … 1개

소금

방금 간 흑후추

레드 와인 식초

올리브 오일

조리법

병아리콩을 건져서 그릇에 담는다.

셀러리와 파슬리를 잘게 다지고 적양파도 다져준다. 세 가지 재료를 그릇에 넣고 병아리콩과 섞는다. 소금과 후추로 간을 한다. 식초 몇 방울과 올리브 오일을 넣어 드레싱하고, 파슬리 잎 몇 장으로 장식한다.

BREAK
CEREA
SWEE

—

나는 빵을 좋아하는 사람이라 달콤한 요리보단 빵을 선호한다. 그러 므로 이 책에서는 달콤한 음식을 길게 나열한 목록을 찾아보기 힘 들 것이다. 달콤한 음식이 필요하다면 'Slices' 장에서 프렌치 토스 트(75쪽)와 빵과 초콜릿(78쪽)을 참고하자. 문제는 나는 모든 식사에 빵을 먹기 때문에 디저트로 또 빵을 먹을 가능성은 거의 없다는 것 이다.

하지만 어쨌든 여기에 몇 가지 레시피를 준비해뒀다. 나는 이 레 시피로 고객들에게 대접할 음식을 만들며, 가끔은 에스프레소와 함 께 먹기도 한다.

이 책에 있는 시리얼 레시피들은 매우 소박한 것들로, 켈로그사가 콘플레이크를 만들기 전에 존재한 오리지널 시리얼이다. 좋은 빵을 사용하면 특별히 더 맛있게 즐길 수 있다.

따뜻한 아침 시리얼

1인분 분량

오트밀은 잠시 옆으로 치워둔다. 이 죽은 빈곤한 이들, 노약자들, 치아가 없는 이들, 또는 그냥 씹는 것이 싫은 사람 누구에게나 좋다. 빵을 한 조각이나 여러 조각으로 찢어넣는다 — 묵은 빵이면 된다. 그대로 즐기거나 버터, 올리브 오일, 과일, 견과류, 씨앗, 메이플 시럽, 꿀, 신선한 허브, 피클 등을 추가해 먹어보자. 응용할 수 있는 방법은 무궁무진하다.

재료

오래된 러스틱 빵 … **몇 조각** (찢어서 준비, 매우 말라 있고 딱딱하다면 원하는 방식으로 — 밀대를 사용하거나, 바닥에 놓고 비닐봉지 안에서 으깨는 등 — 작게 부순다. 창의적으로 시도해보자)

우유, 또는 더 소박한 레시피를 원한다면 물을 사용

소금

조리법

작은 냄비나 소스팬에 빵을 넣는다. 빵을 거의 완전히 덮을 만큼의 우유나 물을 넣는다. (빵이 너무 말라 있다면 조리 중에 더 넣어야 할 수도 있다.) 소금을 살짝 뿌려 간을 한다. 중약불에서 가끔 저어가며 냄비 가장자리에 붙은 빵 조각을 눌러가며, 빵이 완전히 부드러워지고 무너지기 시작할 때까지 12분~20분(최대) 동안 조리한다. 빵의 건조도와 조각 크기에 따라 시간이 달라질 수 있다.

따뜻한 그릇에 담아 낸다. 더 세련된 질감을 원한다면, 내기 전에 따뜻하고 부드러운 빵 믹스를 촘촘한 체로 걸러서 얹는다.

차가운 아침 시리얼

조리법

빵가루를 그릇에 담는다. 그 위에 차가운 우유를 붓고, 설탕을 좋아한다면 조금 추가한다. 숟가락으로 떠 먹는다. 아마 조금 이상하게 들릴 수도 있겠지만, 맛을 보면 실제로 그레이프 너츠 시리얼과 크게 다르지 않을 것이다!

재료

거친 **빵가루** (기호에 따라 살짝 구운 것)

차가운 우유

설탕 … 적당량 (기호에 따라)

토르타 디 파네

8~10인분 분량 (약 25cm 크기의 케이크 1개)

이것은 케이크처럼 구워진 빵 푸딩의 변형이다. 그릇에 숟가락으로 담는 대신 깔끔하게 자르거나 정사각형 모양으로 만들어 세련되게 차릴 수 있다. 전통적으로 북부 이탈리아의 스위스와의 국경 지역에서는 시나몬 외에도 정향 또는 넛맥을 사용해 향을 낸다. 원하는 향신료를 자유롭게 추가해도 좋다.

재료

껍질이 있는 통아몬드 ··· 120g

토핑용 껍질 벗긴 흰색 아몬드 ··· 한 줌

묵은 빵 ··· 400g (크러스트 없이)

전지우유 ··· 1225g

말린 커런트 혹은 건포도 ··· 175g

그라파 혹은 드라이 화이트 와인 (선택사항)

달걀 ··· 6개

설탕 ··· 250g

레몬 혹은 오렌지 ··· 1개 (곱게 간 제스트)

시나몬 가루 ··· 소량

소금 ··· 약간

바닐라 추출물 ··· 적당량

차가운 무염 버터 ··· 113g (조각낸 것)

설탕 ··· 데코레이션용

조리법

오븐을 약 204℃로 예열한다.

작은 소스팬에 아몬드를 골고루 편 다음 오븐에 넣어 향이 나고 연한 갈색이 될 때까지 굽는다. 조리가 끝나면 아몬드를 꺼내고 오븐은 그대로 켜둔다. 아몬드를 식힌 다음, 푸드 프로세서에 넣어 곱게 갈아준다.

큰 그릇에 묵은 빵 조각을 넣는다. 냄비 가장자리에서 기포가 생길 때까지 가열한 우유를 빵 위에 부어주고, 빵이 충분히 우유를 흡수할 수 있도록 시간을 둔다. 커런트 또는 건포도를 그라파 혹은 화이트 와인에 불린다(사용할 경우).

달걀을 깨 그릇에 담고 흰자와 노른자를 섞은 뒤 설탕, 레몬이나 오렌지 제스트, 시나몬, 소금, 바닐라 추출물을 첨가한다.

빵 조각이 완전히 부드러워지면, 빵을 짜서 그릇에 담는다. 달걀물과 갓 간 아몬드를 넣고 섞어준다. 커런트나 건포도를 넣는다(불린 경우, 먼저 액체를 버리고 넣는다). 고루 섞어준다.

버터를 조금 사용해 25cm 분리형 원형팬에 발라주고, 팬을 테두리가 있는 베이킹 시트 위에 놓는다. (새는 것을 방지하기 위해 팬 아래에 호일로 감싸준다.) 빵 혼합물을 팬에 부어 표면을 평평하게 해준다. (눌러야

할 수도 있다.) 껍질 벗긴 아몬드를 위에 얹고, 버터 조각을 원하는 만큼 올려준다. 오븐(베이킹 시트 위에 올려서)에 옮기고 바로 온도를 191℃로 낮춘다. 55~65분(전체 조리 시간 절반 기준으로 베이킹 시트를 앞뒤로 돌려가며), 케이크 윗면이 금빛 갈색으로 변하고, 이쑤시개로 찔러봤을 때 묻어 나오는 것이 없을 때까지 굽는다.

식힌 다음 팬에서 빼낸다. 내기 전에 데코레이션용 설탕을 체에 쳐 뿌려준다.

빵가루, 구운 사과 요리

구운 사과는 식사를 마친 뒤에 좀 더 다채로운 음식을 찾는 사람들에게는 다소 실망스러운 디저트로 여겨지기도 하고, 아이들에게는 불만을 자아내는 유행에 뒤떨어진 디저트이기도 하다. 그럼에도 불구하고 적절히 조리된 과일은 훌륭할 음식이다. 그리고 빵가루와 견과류, 건포도로 채우면 질감과 복잡한 맛이 어우러져 단순히 눅눅한 사과 그 이상의 요리가 된다.

거주지 근처에서 재배된 품질 좋은 제철 사과로 요리해보자. 과육이 단단하고 아삭아삭하며 어느 정도 산미가 있는 것이 좋다. 나는 골드 러시 품종을 좋아한다. 사과 꼭지를 제거하고, 날카로운 작은 칼이나 사과씨 제거기로 원하는 만큼 사과 심을 제거하되, 바닥은 뚫지 않고 남겨둔다. 사과 심지의 먹을 수 있는 부분, 기본 빵가루나 구운 빵가루, 약간의 설탕 또는 꿀, 다진 호두, 건포도(화이트 와인에 불리면 더 좋다), 오렌지 제스트 적당량과 오렌지즙, 시나몬 약간 또는 다진 정향, 그리고 소금을 조금 넣어 섞는다. 버터를 첨가하거나 비건일 경우 올리브 오일을 넣어 적절히 질척거리는 질감이 될 때까지 섞는다. 건포도를 불릴 때 사용한 와인을 약간 넣어 너무 건조하지 않게 한다. 만들어놓은 빵가루 소로 사과를 채워 버터나 기름을 칠한 오븐용 접시에 담고, 화이트 와인을 아주 조금 뿌린 후, 사과가 부드럽게 익고 위에 튀어나온 채워 넣은 소가 바삭해질 때까지 182℃에서 굽는다. 그대로 내거나, 화려한 장식을 원한다면 아이스크림, 휘핑크림, 또는 크렘 앙글레즈를 곁들인다.

아이리스

아이리스는 시칠리아의 팔레르모에 있는 제과점과 가장 밀접하게 연관된 페이스트리. 이 이름은 꽃이 아닌 오페라에서 유래했으며, 1901년에 기원했다고 알려져 있다. 일반적으로, 이것은 리코타 크림이 들어 있는 브리오슈로 만들어 튀긴다. 일부 제빵사들은 그들의 제과품 버전을 위해 신선한 시칠리아 스타일의 브리오슈 반죽을 만들지만, 다른 이들은 내가 이 레시피에서 선택한 것처럼 남은 롤을 사용한다. 여러분은 아마도 이웃 베이커리에서 햄버거나 샌드위치용으로 브리오슈 롤이나 우유 식빵을 즐겨 구입하고 가끔은 너무 많은 양을 살 수도 있다. 대개 이런 빵들은 구입한 다음 날에는 신선도가 떨어지기 마련이다. 이 레시피가 여러분에게 도움이 될 수 있으며, 이 것을 만들기 위해 추가로 롤을 사러 갈 수도 있다. 심지어 보통의 남은 저녁 롤로 만들더라도, 가장 이상적이지는 않더라도, 아마 맛본 것 중에서 최악은 아닐 것이다.

조리법

먹지 않은 롤을 주머니에 담아 밀봉해 너무 말라붙지 않게 식탁 위에 올려둔다. 비닐랩으로 감싸 둘 수도 있다. 아이리스를 만들고 싶을 때, 물을 잘 빼낸 리코타 치즈를 다져 함께 플라스틱 스크래퍼나 푸드 프로세서, 믹서기를 사용해 잘 섞는다. 설탕을 적당량 넣어 섞고, 다크 초콜릿 몇 조각을 넣는다. 오렌지 제스트를 빻아 넣고 소금을 소량 첨가한다. 설탕으로 절인 오렌지 껍질을 다져 소량 넣는 것도 좋지만, 반드시 필요하지는 않다. 잘 섞은 후 와이드 팁이 달린 짤주머니에 담아 둔다.

작고 날카로운 칼로 롤의 바닥을 조심스럽게 원 모양으로 자른다. 잘라낸 부분은 따로 두고 구멍을 막을 때 사용한다. 손가락으로 구멍 속을 파되, 롤 전체가 통째로 모양이 유지되게 한다. 롤의 신선도가 떨어진다면, 속을 적셔주기 위해 우유를 약간 넣을 수 있지만 너무 많이 넣지는 않는다. (내 가게에서는 이 용도로 가벼운 시트러스 시럽을 사용하지만, 대부분의 가정에서는 그런 재료를 갖고 있지 않다.) 짤주머니에 담아둔 리코타 필링을 파낸 롤 안에 집어넣는다. 충분한 양을 사용하며, 약간은 독특하게 모양을 만든다. 따로 챙겨둔 빵으로 구멍을 막는다. 롤을 푼 달걀에 굴린 후 잘게 부순 빵가루에서도 굴려준다. 171~177℃에서 롤을 천천히 튀긴다. 이렇게 하면 열이 중심부까지 충분히 퍼지고, 빵가루의 색상이 너무 어두워지기 전에 롤을 되살릴 수 있다. 양면을 각각 몇 분씩 튀긴다. 아침 식사로 커피와 함께 즐기기 좋으며, 간식, 디저트로도 좋다.

감사의 글

릭

이 책을 함께 집필한 공동저자 멜리사에게 깊은 감사의 마음을 전합니다. 또한 아낌없는 지지와 격려를 보내준 헌신적인 직원들과 가족들에게도 감사를 보냅니다. 와일드 하이브 팜, 구스티모의 설립자이자 대표인 베아트리체 우기, 캄포 로쏘 팜, 카푸토 브라더스 크리머리 등 파트너에게도 감사를 드립니다. 살루메리아 비엘레세의 드류 버찌오, 그리고 비즈니스 파트너인 조니 디파스칼레와 마크 매글리오지, 그리고 브룩스 헤들리에게도 감사의 마음을 전합니다.

멜리사

이 책을 처음 시작할 당시에는 세상에 계셨던, 작고한 아버지를 기억하며 감사를 표합니다. 또한 사랑하는 어머니에게도 감사를 전합니다. 아울러, 집필 전 과정에 걸쳐 성심껏 조언과 지원을 해준 케이트 비트만, 케리 코난 두 분에게도 감사를 드립니다. 매디 벡위드와 하이브 마인드 팀, 그리고 즐겁고 다양한 레스토랑 탐방을 함께한 로버트 시에체마와 게리 히 두 분께도 감사의 인사를 전합니다. 이 책을 쓰는 것이 자신을 위한 일이었다고 말하는 릭에게 특별한 감사를 표합니다. 또한 레시피를 검토하고 테스트에 동참한 애니 샌더스, 조슈아 시버트, 스테파니 간스, 스콧 브리커, 레나 앤드류에게도 진심어린 감사를 전합니다.

릭과 멜리사

오랜 기간 동안 지속적인 지원을 보내준 마크 비트만에게 큰 감사를 드립니다(특히 멜리사의 경우, 그는 멜리사의 고용주로서 특별한 의미가 있습니다). 또한 훌륭한 레시피 테스터이자 편집자인 보니 벤윅, 열렬한 지지와 열정을 보여준 편집자 톰 폴드, 섬세함과 끈기로 작업에 함께 한 에이전트 다니엘 스벡코브에게도 감사를 표합니다. 마지막으로, 뛰어난 작품과 인내심을 발휘해서 이 책의 완성에 큰 도움을 주신 사진작가 조니 포그에게 깊은 감사를 드립니다.